全国机械职业教育教学指导委员会"十三五"工业机器人技术专业推荐教材

李培根　宋天虎　丁汉　陈晓明/**顾问**

工业机器人电气控制与保养

主　编　余　倩　龚承汉
副主编　黄东侨　张济明　孙海亮
参　编　李英哲　李笑平　何振中　杨　威
　　　　　石义淮　左　湘　熊　兵　阎辰皓
主　审　熊清平　杨海滨

华中科技大学出版社
中国·武汉

内容简介

本书结合华中数控工业机器人电气控制实验平台,介绍工业机器人电气控制系统的组成,使学生对工业机器人电气控制系统有一个整体的认识。全书分为五个项目介绍工业机器人常用低压电器的原理与使用方法;工业机器人的 PLC 基本功能和电气连接方法;工业机器人 PLC 程序编写;以华数工业机器人的控制系统为例,介绍工业机器人电气控制系统常见故障的诊断与保养方法。

本书适用于工业机器人技术初学者,可作为工业机器人技术专业及机电一体化等专业教材,也可作为行业岗位培训教材。

图书在版编目(CIP)数据

工业机器人电气控制与保养/余倩,龚承汉主编.—武汉:华中科技大学出版社,2017.2 (2021.12重印)
全国机械职业教育教学指导委员会"十三五"工业机器人技术专业推荐教材
ISBN 978-7-5680-2565-2

Ⅰ.①工… Ⅱ.①余… ②龚… Ⅲ.①工业机器人-电气控制-高等职业教育-教材 ②工业机器人-维修-高等职业教育-教材 Ⅳ.①TP242.2

中国版本图书馆 CIP 数据核字(2017)第 012796 号

工业机器人电气控制与保养
Gongye Jiqiren Dianqi Kongzhi yu Baoyang

余　倩　龚承汉　主编

策划编辑:俞道凯
责任编辑:刘　飞
封面设计:周　强
责任校对:刘　竣
责任监印:朱　玢
出版发行:华中科技大学出版社(中国·武汉)　　电话:(027)81321913
　　　　　武汉市东湖新技术开发区华工科技园　　邮编:430223
录　　排:武汉三月禾文化传播有限公司
印　　刷:广东虎彩云印刷有限公司
开　　本:787mm×1092mm　1/16
印　　张:11
字　　数:275千字
版　　次:2021 年 12 月第 1 版第 4 次印刷
定　　价:32.00 元

全国机械职业教育教学指导委员会"十三五"工业机器人技术专业推荐教材

编审委员会
（排名不分先后）

编写委员会
（排名不分先后）

指导委员会

（排名不分先后）

序

当前,以机器人为代表的智能制造,正逐渐成为全球新一轮生产技术革命浪潮中最澎湃的浪花,推动着各国经济发展的进程。随着工业互联网云计算、大数据、物联网等新一代信息技术的快速发展,社会智能化的发展趋势日益显现,机器人的服务也从工业制造领域,逐渐拓展到教育娱乐、医疗康复、安防救灾等诸多领域。机器人已成为智能社会不可或缺的人类助手。就国际形势来看,美国"再工业化"战略、德国"工业 4.0"战略、欧洲"火花计划"、日本"机器人新战略"等,均将"机器人产业"作为发展重点,试图通过数字化、网络化、智能化夺回制造业优势。就国内发展而言,经济下行压力增大、环境约束日益趋紧、人口红利逐渐摊薄,产业迫切需要转型升级,形成增长新引擎,适应经济新常态。目前,中国政府提出的"中国制造 2025"战略规划,其中以机器人为代表的智能制造是难点也是挑战,是思路更是出路。

近年来,随着劳动力成本的上升和工厂自动化程度的提高,中国工业机器人市场正步入快速发展阶段。据统计,2015 上半年我国机器人销量达到 5.6 万台,增幅超过了 50%,中国已经成为全球最大的工业机器人市场。据国际机器人联合会的统计显示,2014 年在全球工业机器人大军中,中国企业的机器人使用数量约占四分之一。而预计到 2017 年,我国工业机器人数量将居全球之首。然而,机器人技术人才急缺,"数十万高薪难聘机器人技术人才"已经成为社会热点问题。因此,机器人产业发展,人才培养必须先行。

目前,我国职业院校较少开设机器人相关专业,缺乏相应的师资和配套的教材,也缺少工业机器人实训设施。这样的条件,很难培养出合格的机器人技术人才,也将严重制约机器人产业的发展。

综上所述,要实现我国机器人产业发展目标,在职业院校进行工业机器人技术人才及骨干师资培养示范校建设,为机器人产业的发展提供人力资源支撑,就显得非常必要和紧迫。而面对机器人产业强劲的发展势头,不论是从事工业机器人系统的操作、编程、运行与管理等高技能应用型人才,还是从事一线教学的广大教育工作者都迫切需要实用性强、通俗易懂的机器人专业教材。编写和出版职业院校的机器人专业教材迫在眉睫,意义重大。

在这样的背景下,武汉华中数控股份有限公司与华中科技大学国家数控系统工程技术研究中心、武汉高德信息产业有限公司、华中科技大学出版社、电子工业出版社、武汉软件工程职业学院、包头职业技术学院、鄂尔多斯职业技术学院等单位,产、学、研、用相结合,组建"工业机器人产教联盟",组织企业调研,并开展研讨会,编写了系列教材。

本套教材具有以下鲜明的特点。

前瞻性强。作为一个服务于经济社会发展的新专业,本套教材含有工业机器人高职人才培养方案、高职工业机器人专业建设标准、课程建设标准、工业机器人拆装与调试等内容,覆盖面广,前瞻性强,是针对机器人专业职业教学的一次有效、有益的大胆尝试。

系统性强。本系列教材基于自动化、机电一体化等专业,开设工业机器人课程;针对数控实习进行改革创新,引入工业机器人实训项目;根据企业应用需求,编写相关教材、组织师资培训,构建工业机器人教学信息化平台等;为课程体系建设提供了必要的系统性支撑。

实用性强。依托本系列教材,可以开设如下课程:机器人操作,机器人编程,机器人维护维修,机器人离线编程系统,机器人应用等。本套教材凸显理论与实践一体化的教学理念,把导、学、教、做、评等环节有机地结合在一起,以"弱化理论、强化实操,实用、够用"为目的,加强对学生实操能力的培养,让学生在"做中学,学中做",贴合当前职业教育改革与发展的精神和要求。

参与本系列教材建设的包括行业企业带头人和一线科研人员,他们有着丰富的机器人教学和实践经验。经过反复研讨、修订和论证,完成了编写工作。在这里也希望同行专家和读者对本套教材不吝赐教,给予批评指正。我坚信,在众多有识之士的努力下,本系列教材的功效一定会得以彰显,古人对机器人的探索精神,将在新的时代能够得到传承和复兴。

"长江学者奖励计划"特聘教授

华中科技大学常务副校长

华中科技大学教授、博导

2015.7.18

前　　言

　　工业机器人是面向工业领域的多关节机械手或多自由度的机器装置,它能自动执行工作,是靠自身动力和控制能力来实现各种功能的一种机器。工业机器人作为生产线辅助设备,已逐步应用到汽车、电子信息、食品、医药、塑胶化工、金属加工等多个制造业领域,并成为助推传统制造模式向先进制造模式升级的重要驱动力,代表着未来智能装备的发展方向。随着机器人应用的日益广泛和装机容量的直线上升,对这类技术人员的需求也变得越来越迫切。但由于各工业机器人厂家高端机电设备的本体和控制器都是专门设计的,内部结构不可视,缺乏直观的教学效果,学生参与动手能力差,无法对机器人本体和电控系统进行拆装,因此无法深入了解其内部结构和原理。

　　本书结合华中数控工业机器人电气控制实验平台,介绍工业机器人电气控制系统的组成,使学生对工业机器人电气控制系统有一个整体的认识。并结合工业机器人典型应用案例,介绍常见故障的诊断与保养方法。本书将工业机器人电气控制分为五个项目:工业机器人电气控制系统、工业机器人低压控制电器、工业机器人驱动方式及保养、工业机器人 PLC 控制、工业机器人维护。由工业机器人电气控制系统的硬件组成、工业机器人常用电气安装与调试综合实验、工业机器人驱动方式的辨识、工业机器人电气控制柜的布置原则与安装实验、工业机器人的 PLC 控制、工业机器人常见电气故障种类及保养、焊接工业机器人的电气保养与基本故障排除方法、搬运、码垛工业机器人的电气保养与基本故障排除方法等项目组成。全书内容全面,更加紧贴工业机器人技术的发展,能充分满足初学者对工业机器人技术的学习需求。初学者可依据实际情况进行项目选择学习。

　　作者结合工作、教学和科研经验力图以任务引领、项目驱动、小组合作的方式组织教学内容、开展教学活动。在课程中,通过知识准备,可以提高学生分析问题和解决问题的能力;通过完成实施任务,可以增强学生的创新意识,锻炼动手能力;通过以小组合作的形式完成机器人项目,可以培养学生们的协作能力和团队精神。

　　项目任务驱动,理实一体互动。整个学习活动由知识准备、任务实施、展示评估组成。使学生能自主学习理论知识、动手操作、自主对学习情况进行测评。通过自主测评表结合产业需求,融入工程教育理念,培养学生的职业素养、创新精神和实践能力。本书项目一由余倩、黄东侨编写,项目二由李英哲、杨威、石义淮编写,项目三由李笑平、左湘、熊兵编写,项目四由何振中、阎辰皓编写,项目五由龚承汉、张济明、孙海亮编写。本书由熊清平、杨海滨主审。在本书的编写过程中得到了华中数控股份有限公司的鼎力支持,在此表示感谢。

　　本书适用于工业机器人技术专业及机电一体化等专业的学生,也可作为行业岗位培训教材。由于编者水平有限、疏漏之处在所难免,恳请各位同仁和读者批评指正。

编　者

2017 年 2 月

目　　录

项目一 工业机器人电气控制系统

项目描述

掌握工业机器人电气控制系统的特点、功能与组成,对工业机器人电气控制系统有一个整体的认识。

项目目标

- 了解工业机器人的控制特点及控制方法。
- 了解工业机器人控制系统的基本结构。
- 了解电气控制系统的硬件组成。

任务一 工业机器人电气控制系统的硬件组成

知识目标

- 了解工业机器人的控制特点及控制方法。
- 了解电气控制系统的硬件组成。

技能目标

- 能识别工业机器人电气控制系统的硬件设备。

任务描述

完成工业机器人电气控制系统的硬件识别。

知识准备

做一做

教师示范操作 HSR-JR608 工业机器人(见图 1-1-1)完成设定动作。

议一议

工业机器人如何完成设定动作?

读一读

作为智能制造升级的核心发展技术的工业机器人,是机电及控制一体化的高度集成产品。其主要零部件包括机器人控制器(指令输入系统)、伺服系统(指令传输系统)、电动机(动力系统)、减速机(控制转换运动及动力参数系统)及机器人本体(机器人支撑骨架结构系统)五大核心部件。可以看出,机械本体结构(本体及减速机)之外的电气控制系统占有绝大部分核心部分。随着工业机器人领域的进一步发展,特别是机器人控制轴数的进一步扩展,机器人的研发难点和创新焦点已从趋于稳定的机械结构转向电气控制系统的研发和创新方向。

图 1-1-1　HSR-JR608 工业机器人

一、工业机器人控制系统的功能

机器人控制系统是机器人的重要组成部分,用于对机器人本体的控制,以完成特定的工作任务。工业机器人的控制系统要求如下:

(1) 实现对工业机器人的位置、速度、加速度等控制功能,对于连续轨迹运动的工业机器人,还必须具有轨迹的规划和控制功能。

(2) 人-机交互功能,操作人员采用直接指令和对工业机器人进行专业指示,使工业机器人具有作业指示的记忆。

(3) 外部环境的检测和感觉功能,为了使工业机器人具有对外部状态的变化适应能力,工业机器人应能对视觉、力觉、触觉等有关信息进行检测、识别、判断、理解。在自动化生产线中,工业机器人应有与其他设备交换信息、协调工作的能力,应具有诊断和故障监视等功能。

HSR-JR608 工业机器人控制系统主要由 HRT 机器人控制器与 HTP 机器人示教器,以及运行在这两种设备上的软件所组成。机器人控制器一般安装于机器人电柜内部,控制机器人的伺服驱动、输入/输出等主要执行设备。机器人示教器一般通过电缆连接到机器人电柜上,作为上位机通过以太网与控制器进行通信。借助 HTP 示教器,用户可以实现 HSR-JR608 工业机器人控制系统的主要控制功能,具体内容如下:

(1) 手动控制机器人运动;

(2) 机器人程序示教编程;

(3) 机器人程序自动运行;

(4) 机器人运行状态监视;

(5) 机器人控制参数设置。

注:本书中所说的机器人均指工业机器人,特此说明。

二、工业机器人控制系统类型

机器人控制系统按其控制方式可分为三类。

1.集中控制系统

集中控制系统是指用一台计算机实现全部控制功能的控制系统。集中式控制系统的优点是：硬件成本较低，便于信息的采集和分析，易于实现系统的最优控制，整体性与协调性较好，基于 PC 的系统硬件扩展较为方便。其缺点也显而易见：系统控制缺乏灵活性，控制危险容易集中，一旦出现故障，其影响面广，后果严重；工业机器人的实时性要求很高，系统进行大量数据计算时，会降低系统实时性。

2. 主从控制系统

主从控制系统是指采用主、从两级处理器实现系统的全部控制功能的控制系统。主 CPU 可实现管理、坐标变换、轨迹生成和系统自诊断等；从 CPU 可实现所有关节的动作控制。主从控制方式系统实时性较好，适于高精度、高速度控制，但其系统扩展性较差，维修困难。

3. 分散控制系统

分散控制系统是指按系统的性质和方式将系统控制分成几个模块，每一个模块各有不同的控制任务和控制策略，各模式之间可以是主从关系，也可以是平等关系的控制系统。这种方式实时性好，易于实现高速、高精度控制，易于扩展，可实现智能控制，是目前流行的方式。

三、工业机器人控制系统组成

机器人电气控制系统拆装实训平台是以华数工业六轴机器人电气控制系统作为实训对象的，其结构主要分为两大部分。

第一部分为整个实训平台的桌体支撑系统，主要是由型材和钣金制成的可分装的模块化实训桌体。

第二部分为六关节机器人电气控制系统，包含安装在实训桌左侧柜体的六轴机器人电气元件面板、按钮开关操作面板、示教器、PLC 程序监控显示器、电动机安装面板。

本书选用目前工业机器人中控制较为复杂，且通用性较强的六关节机器人电气控制系统作为电控实训对象，帮助学生学习基本的工业机器人电气控制系统知识。同时，通过实际的实训操作进一步加深学生的机器人电气控制系统知识体系和实际操作能力。电气控制系统拆装实训平台的总体视图如图 1-1-2 所示。

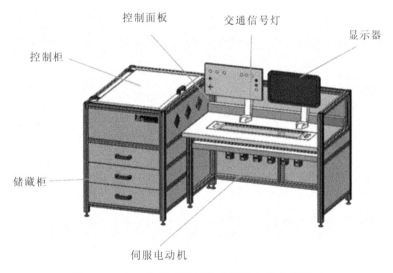

图 1-1-2 电气控制系统拆装实训平台的总体视图

机器人电气控制系统拆装实训平台系统构成如图 1-1-3 所示。

$$电气控制系统 \begin{cases} IPC\ 控制器 \\ I/O\ 模块 \\ 伺服驱动器 \\ 伺服电动机 \\ 开关电源 \\ 示教器 \\ 按钮/开关/指示 \end{cases}$$

图 1-1-3　电气控制系统拆装实训平台系统构成

（一）IPC 控制器

IPC 控制器是 HSR-JR608 型工业机器人的运算控制系统。工业机器人在运动中的点位控制、轨迹控制、手爪空间位置与姿态的控制等都是由 IPC 控制器发布控制命令的。IPC 控制器由微处理器、存储器、总线、外围接口组成。它通过总线把控制命令发送给伺服驱动器，也通过总线收集伺服电动机的运行反馈信息，然后通过反馈信息来修正机器人的运动。HSR-608 型工业机器人电气控制系统主要由 IPC 控制器、示教器单元、PLC 控制器、伺服驱动器等组成。

如图 1-1-4 可见，IPC 控制器、PLC 控制器和伺服驱动器是通过 NCUC 总线连接到一起，完成相互之间的通信工作。IPC 控制器是整个总线系统的主站，PLC 控制器与伺服驱动器是从站。NCUC 总线接线是从 IPC 控制器的 PROT0 口开始，连接到第一个从站的 IN 口，第一个从站 OUT 口出来的信号接入下一从站的 IN 口，以此类推，逐个相连，把各个从站串联起来，最后一个从站的 OUT 口连接到主站 IPC 控制器的 PORT3 口上，就完成了总线的连接。IPC 控制器的外观图和实物图分别如图 1-1-5、图 1-1-6 所示，其各部位名称如下所述。

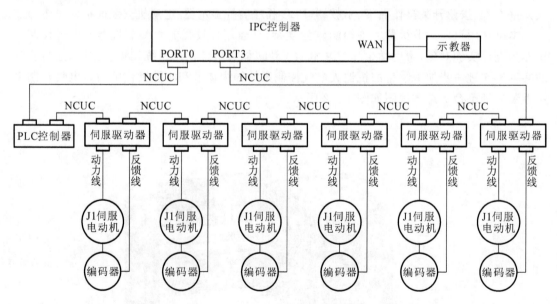

图 1-1-4　工业机器人电气控制系统

POWER：DC24V 电源接口。

ID SEL：设备号选择开关。

PORT0～PORT3：NCUC 总线接口。

USB0：外部 USB1.1 接口。

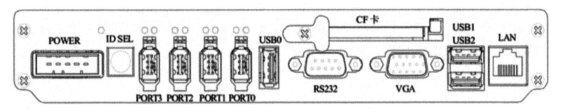

图 1-1-5 IPC 控制器外观图

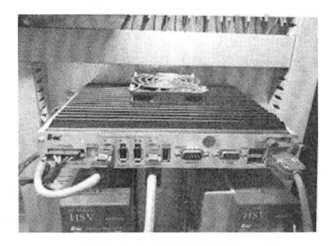

图 1-1-6 IPC 控制器实物图

RS232：内部使用的串口。

VGA：内部使用的视频信号口。

USB1&USB2：内部使用的 USB2.0 接口。

LAN：外部标准以太网接口。

（二）总线式 I/O 单元

HIO-1009 型底板子模块可提供 1 个通信子模块插槽和 8 个功能子模块插槽，组建的 I/O 单元称为 HIO-1000A 型总线式 I/O 单元。

HIO-1006 型底板子模块可提供 1 个通信子模块插槽和 5 个功能子模块插槽，组建的 I/O 单元称为 HIO-1000B 型总线式 I/O 单元。

（三）伺服驱动器

HSV-160U 有各种参数，通过这些参数可以调整或设定驱动单元的性能和功能，了解这些参数对正确使用和操作驱动单元是至关重要的。HSV-160U 的参数分为四类：运动控制参数，扩展运动控制参数，控制参数，扩展控制参数。伺服驱动器正视图如图 1-1-7 所示。

图 1-1-7 伺服驱动器正视图

（四）伺服电动机

伺服电动机（servo motor）是指在伺服系统中控制机械元件运转的发动机，是一种补助马达间接变速装置。

伺服电动机可以非常准确地控制速度和位置精度，可以将电压信号转化为转矩和转速以驱动控制对象。伺服电动机转子转速受输入信号控制,并能快速反应,在自动控制系统中,用作执行元件,且具有机电时间常数小、线性度高、始动电压等特性,可将收到的电信号转换成电动机轴上的角位移或角速度输出。

（五）开关电源

开关电源是利用现代电力电子技术,控制开关管开通和关断的时间比率,维持稳定输出电压的一种电源,开关电源一般由脉冲宽度调制（PWM）控制 IC 和 MOSFET 构成。随着电力电子技术的发展和创新,使得开关电源技术也在不断地创新。目前,开关电源以小型、轻量和高效率的特点被广泛应用于几乎所有的电子设备,是当今电子信息产业飞速发展不可缺少的一种电源方式。

机器人电气控制系统拆装实训平台采用 OMRON（S8JC-150-24）开关电源,把交流的 220 V 转变为直流的 24 V 电源,其端子排布图如图 1-1-8 所示。

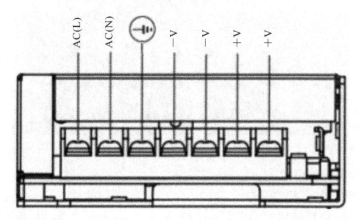

图 1-1-8　开关电源

（六）示教器

机器人控制器一般安装于机器人电柜内部,控制机器人的伺服驱动、输入/输出等主要执行设备;机器人示教器一般通过电缆连接到机器人电柜上,作为上位机通过以太网与控制器进行通信。示教器单元主要用于操作者与机器人交换信息,操作者通过示教器发布控制命令,机器人的运行情况通过示教器显示。示教器的线路连接主要包括三部分内容,即示教器的供电电源的连接,示教器与 IPC 控制器的通信,示教器与 PLC 控制器的信号连接。

示教器的示教界面如图 1-1-9 所示。

图 1-1-9　示教器的示教界面

（七）按钮开关/指示灯

电气控制系统拆装实训平台的操作面板（见图 1-1-10）主要包含了报警复位、伺服使能、急停按钮和电源开关,指示灯主要包含了电源指示灯、模拟交通红灯、模拟交通黄灯、模拟交通绿灯。

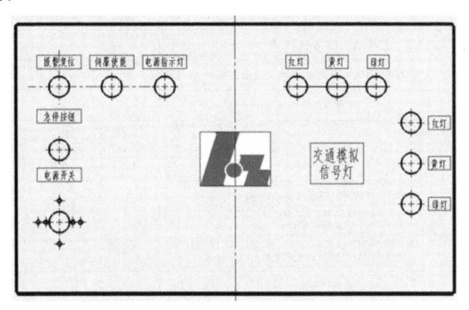

图 1-1-10 电气控制系统拆装实训平台的操作面板

任务实施

完成工业机器人电气控制系统的硬件识别。

步骤一:集合、点名、交代安全事故相关事项。

步骤二:记录机器人名称。

步骤三:记录机器人工位内容,描述工作过程。

步骤四:根据电气控制系统结构图,识别各部分部件并填写表 1-1-1。

表 1-1-1 电气控制系统设备和功能

设　备	功　能
IPC 控制器	
总线式 I/O 单元	
伺服驱动器	
伺服电动机	
开关电源	
示教器	
按钮开关/指示灯	

展示评估

任务一评估表

基本素养（20分）

序号	评估内容	自评	互评	师评
1	纪律（无迟到、早退、旷课）（10分）			
2	参与度、团队协作能力、沟通交流能力（5分）			
3	安全规范操作（5分）			

技能操作（80分）

序号	评估内容	自评	互评	师评
1	零部件、工具准备（10分）			
2	控制器识别（35分）			
3	I/O模块识别（35分）			
	综合评价			

任务拓展

HSR-JR608工业机器人简介。

任务二　工业机器人供电电路

知识目标

- 了解工业机器人电气拆装平台的硬件结构。
- 了解工业机器人电气控制系统的供电电路。

技能目标

- 能完成工业机器人电气拆装平台的一次回路接线。
- 能完成工业机器人电气拆装平台的二次回路接线。

任务描述

完成工业机器人电气控制系统的接线。

知识准备

一、一次回路

　　一次回路是在电气控制系统中将电能从电源传输到用电设备所经过的电路。例如，把发电机、变压器、输配电线、母线、开关等与用电设备（电动机、照明用具）连接起来的电路。

这些在发电、输电、配电的主系统上所使用的设备称为一次设备,一次设备相互连接构成发电、输电、配电或进行其他生产的电气回路,称为一次回路或一次接线。

二、二次回路

二次回路是指测量回路、继电保护回路、开关控制及信号回路、操作电源回路、断路器和隔离开关的电气闭锁回路等全部低压回路,以及由二次设备互相连接,构成对一次设备进行监测、控制、调节和保护的电气回路。它是在电气控制系统中由互感器的次级绕组、测量监视仪器、继电器、自动装置等通过控制电缆连成的电路。

三、电气安装接线图

电气安装接线图是按照电器元件的实际位置和实际接线绘制的,各电气元件的文字符号和编号与原理图一致,并按原理图的接线进行连接。为了方便维修和维护连接导线进行编号,常用的编号方法有压印机、线号管、手工书写法等。

一次回路线号的编写,三相电源自上而下编号为 L1、L2 和 L3,经电源开关后出线上依次编号为 U1、V1 和 W1,每经过一个电气元件的接线桩编号就要递增,如 U1、V1 和 W1 递增后为 U2、V2 和 W2。如果是多台电动机的编号,为了不引起混淆,可在字母的前面冠以数字来区分,如 1U、1V 和 1W;2U、2V 和 2W,1L1、1L2 和 1L3。二次回路线号的编写通常是从上至下、由左至右依次进行编写。每一个电气连接点有一个唯一的接线编号,编号可依次递增。例如,编号的起始数字,控制回路从阿拉伯数字"1"开始,其他辅助电路可依次递增为 101、201……作为起始数字。例如照明电路编号从 101 开始,信号电路从 201 开始。图 1-2-1 所示为常见的接线编号方式。

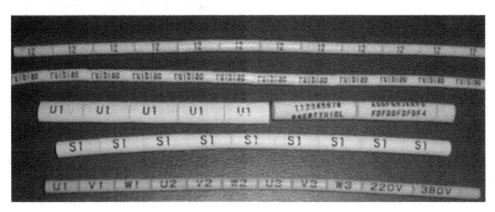

图 1-2-1　接线编号方式

任务实施

一、备齐工具

按需要,备齐相关工具,并做好准备工作。工具包括螺丝刀,万用表。

二、完成一次回路接线

(1) 把 RVV4×4 mm² 多芯线接到断路器进线端,电源线线号分别为 380L1、380L2、380L3;断路器出线接到隔离变压器原边侧,线号分别为 380L11、380L12、380L13;隔离变压器出线接到 32 A 的保险管底座,线号分别为 220L1、220L2、220L3。接线原理图如图 1-2-2 所示。

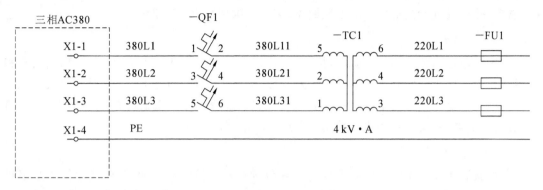

图 1-2-2　接线原理图（一）

（2）保险管底座的出线线号分别为 220L11、220L12、220L13，出线接到接触器的 1、3、5 主触点，接触器 2、4、6 主触点的出线接到端子片 X2-1、X2-5、X2-9 端子接线排上，线号分别为 220L13、220L23、220L33，此三相 220 V 电压主要为驱动器供电。接线原理图如图 1-2-3 所示。

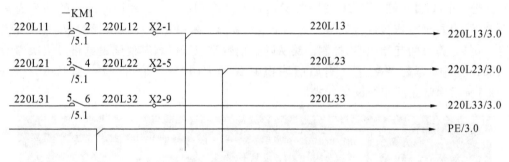

图 1-2-3　接线原理图（二）

（3）HSV-160U-020 总线伺服驱动器电源接线。端子排 X2-1 到 X2-4 的线号为 220L13，从中任意选取三个接线排接到 6 个伺服驱动器的电源 L1 端，J1、J2、J3、J4、J5、J6 轴驱动器的 L1 端的线号分别为 R1、R2、R3、R4、R5、R6。端子排 X2-5 到 X2-8 的线号为 220L23，从中任意选取三个接线排接到 6 个伺服驱动器的电源 L2 端，J1、J2、J3、J4、J5、J6 驱动器的 L2 端的线号分别为 S1、S2、S3、S4、S5、S6。端子排 X2-9 到 X2-12 的线号为 220L33，从中任意选取三个接线排接到 6 个伺服驱动器的电源 T 端，J1、J2、J3、J4、J5、J6 驱动器的 L3 端的线号分别为 T1、T2、T3、T4、T5、T6。

（4）开关电源的接线。从保险管底座的 220L11 和 220L21 侧分别做一根跳线接到开关电源 L、N 端子处，线号分别为 220L11、220L21。开关电源 24V－直接接到端子排 X3-11，线号为 N24，开关电源 24V＋接到电源旋转开关的触点 3，线号为 P24，电源旋转开关的触点 4 接到端子排 X3-1，线号为 P24。具体接线图如图 1-2-4 所示。

三、完成二次回路接线

（1）从 P24 端子排处接一根线到电源旋转开关 SA1 的端子 1 处，线号为 P24，从电源旋转开关触点 2 接一根线到接触器线圈＋，线号为 0500。此处通过旋转开关来控制接触器主触点是否闭合，进而控制伺服驱动器的主电源。

（2）从 P24 端子排接一根线到电源旋转开关的触点 7，线号为 P24，从电源旋转开关触

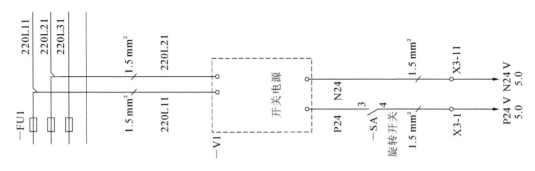

图 1-2-4　接线原理图（三）

点 8 接一根线到电源指示灯的 X1,线号为 0501,电源指示灯的 X2 触点接 N24。具体接线图如图 1-2-5 所示。

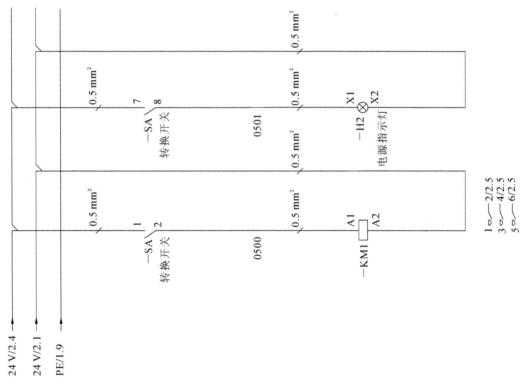

图 1-2-5　接线原理图（四）

（3）从 P24 端子排接一根线到 IPC 控制器 24 V 端,线号为 0502,从 N24 端子排接一根线到 IPC 控制器 GND(0 V),线号为 0503。从 P24 端子排接一根线到 I/O 模块 24 V,线号为 0504,从 N24 端子排处接一根线到 I/O 模块 GND(0 V),线号为 0505。从 P24 端子排接一根线到示教器 24V,线号为 0506,从 N24 端子排接一根线到示教器 GND,线号为 0507。具体接线图如图 1-2-6 所示。

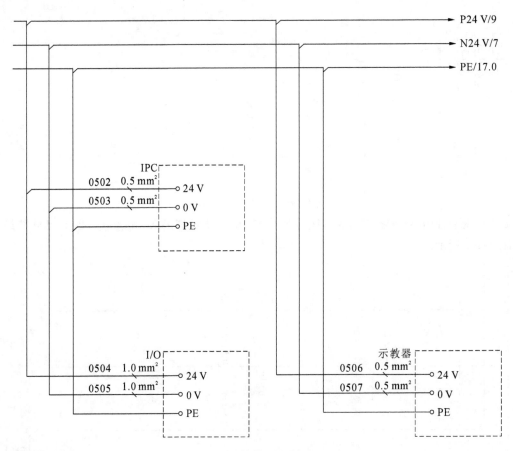

图 1-2-6　接线原理图（五）

展示评估

任务二评估表

技能操作（100 分）				
序号	评估内容	自评	互评	师评
1	零部件、工具准备（10 分）			
2	一次回路接线（45 分）			
3	二次回路接线（45 分）			
综合评价				

项目二　工业机器人低压控制电器

项目描述

识读常见低压控制电器的电气原理图和连接图,并完成几种常见低压控制电器的安装、连接。

项目目标

- 能快速准确识读各类常用电气原理图、电气元件布置图和接线图。
- 能根据电气原理图和接线图进行低压电气元件的选用。
- 能根据电气原理图、电气元件布置图、接线图进行电路的连接与调试。
- 能用剥线钳、压线钳、线号打印机制作电线电缆。

任务一　低压控制电器的基本连接操作与规范

知识目标

- 了解低压控制电器的总体操作规范。
- 了解常见低压电工工具的使用。
- 了解低压控制电器相关安全知识。

技能目标

- 能使用常见电工工具。
- 能安全地进行简单的低压控制电器测试。

任务描述

使用剥线钳和压线钳制作电线电缆并测试。

知识准备

一、低压控制电器概述

低压控制电器是一种能根据外界的信号和要求,手动或自动地接通、断开电路,以实现对电路或非电对象的切换、控制、保护、检测、变换和调节的元件或设备。控制电器按其工作电压的高低,以交流 1200 V、直流 1500 V 为界,可划分为高压控制电器和低压控制电器两大类。总的来说,低压控制电器可以分为配电电器和控制电器两大类,是成套电气设备的基本组成元件。

低压控制电器的发展方向取决于国民经济的发展和现代工业自动化的发展需求,以及新技术、新工艺和新材料的研究与应用。当前,我国低压控制电器正按照国际标准进行新产品的研制和开发,朝更高层次迈进。对传统的新一代产品向着提高电气元件的性能,大力发展机电一体化产品的方向发展,并提出了高性能、高可靠、小型化、多功能、组合化、模块化、电子化、智能化的要求。随着计算机网络的发展与应用,正在研制开发、生产和推广应用各种可通信智能化电器、模数化终端组合电器和节能电器等。带微处理器的智能化电器具有完善的保护功能、智能接口、试验、测量、自诊断、显示、通信等多项组合功能。模数化终端组合电器实现了电器尺寸模数化、安装轨道化、外形艺术化和使用安全化,是理想的新一代配电装置。

二、电气图纸的基础知识

(一)电气原理图

电气原理图是为了便于阅读和分析控制线路,根据简单、清晰的原则,采用电气元件展开的形式绘制而成的图样。它包括所有电气元件的导电部件和接线端点,但并不按照各元件的实际布置位置和实际接线情况来绘制,也不反映电气元件的大小,其作用是便于详细了解电气控制系统的工作原理,指导系统或设备的安装、调试和维修。它是电气控制系统图中最重要的种类之一,也是识图的重点与难点。

(二)电器布置图和接线图

电器布置图主要用来表明电气设备上所有电气元件的实际位置,为机械电气控制设备的制造、安装提供必要的资料。通常该图与电气安装接线图组合在一起,起到电气安装接线图的作用,又能清晰表示出电器的布置情况。

电器安装接线图是为了安装电气设备和电气元件时进行配线或检修电器故障服务的,它是用规定的图形符号按电器的相对位置绘制的实际接线图。电器安装接线图不仅要把同一电器的各部件画在一起,而且电器的布置要符合电器的实际,但对尺寸和比例无严格要求。它表示各电气设备之间的实际接线情况,并标注出外部接线所需的数据。在接线图中各电气元件的文字符号、元件连接顺序、线路号码编制都必须与电气原理图一致。

(三)符号标准

电气控制系统图中,电气元件必须使用国家统一规定的图形符号和文字符号。国家规定从 1990 年 1 月 1 日起,电气控制系统图中的图形符号和文字符号必须符合最新的国家标准。

三、低压控制电器基本操作规范

(一)低压控制电器的安全要求

(1)电压、电流、断流容量、操作频率,温升等运行参数符合要求。

(2)灭弧装置(如灭弧罩、灭弧触头和灭弧用绝缘板)完好。

(3)防护完善,门或盖上的联锁装置可靠,外壳、手柄、漆层无变形和损伤。

(4)触头接触面光洁,接触紧密,并有足够的接触压力;各极触头应同时动作。

(5)安装合理、牢固;操作方便,并能防止自行合闸;通常电源线应接在固定触头上;不同相间的最小净距离为 10 mm,500 V 为 14 mm。

(6)正常时不带电金属部分接地(或接零)良好。

(7)绝缘电阻符合要求。

(二)安装和使用低压控制电器的一般原则

(1)低压电器应垂直安装,特别是对油浸减压启动器,为防止绝缘油溢出,油箱倾斜不得超过 5°;应使用螺栓固定在支持物上,而不应采用焊接方式;安装位置应便于操作,而手柄与周围建筑物之间要保持一定距离,不易被碰坏。

(2) 低压电器应安装在没有剧烈振动的场所,距地面要有适当的高度。刀开关、负荷开关等电源线必须接在固定触头上,严禁在刀开关上挂接电源线。

(3) 低压电器的金属外壳或金属支架必须接地(或接零),电器的裸露部分应加防护罩,双投刀开关的分闸位置上应有防止自行合闸的装置。

(4) 在有易燃、易爆气体或粉尘的厂房,电器应密封安装在室外,且应有防雨措施,对有爆炸危险的场所必须使用防爆电器。

(5) 使用时应保持电器触头表面的清洁、光滑,接触良好,触头应有足够的压力,各相触头的动作应一致,灭弧装置应保持完整。

(6) 使用前应清除各接触面上的保护油层,投入运行前应先操作几次,检查动作情况。

(7) 单极开关必须接在相线上。

(三) 颜色标志

在电气技术领域中,为了保证正确操作,容易识别,需要对绝缘导线的连接标记、导线的颜色、指示灯的颜色及接线端子的标记作出统一规定,方便设备操作和维护,及时排除故障,保障人身和设备的安全。根据目前国家的相关规定,具体标志见表 2-1-1~表 2-1-3。

表 2-1-1　指示灯颜色标志

颜色	含义	解释	典型应用
红色	异常情况或警报	对可能出现危险和需要立即处理的情况报警	温度超过规定(或安全)限制,设备的重要部分已被保护电器切断
黄色	警告	状态改变或变量接近其极限值	温度偏离正常值(允许一定时间的过载)
绿色	准备、安全	安全运行条件指示或机械准备启动	冷却系统运转
蓝色	特殊指示	上述几种颜色(即红、黄、绿色)未包括的任一种功能	选择开关处于指定位置
白色	一般信号	上述几种颜色(即红、黄、绿色)未包括的各种功能,如某种动作正常	

表 2-1-2　按钮颜色标志

颜色	含义	典型应用
红色	危险情况下的操作	紧急停止
	停止或分断	全部停机,停止一台或多台电动机,停止一台机器的某一部分,使电气元件失电,有停止功能的复位按钮
黄色	应急、干预	应急操作,抑制不正常情况或中断不理想的工作周期
绿色	启动或接通	启动一台或多台电动机,启动一台机器的一部分,使某电气元件得电
蓝色	上述几种颜色(即红、黄、绿色)未包括的任一种功能	
灰色白色	无专门指定功能	可用于"停止"和"分断"以外的任何情况

表 2-1-3　导线颜色标志

颜　　色	含　　义
黑色	装置和设备的内部布线
棕色	直流电路的正极
红色	三相电路和 C 相；半导体三极管的集电极；半导体二极管、整流二极管或可控硅管的阴极
黄色	三相电路的 A 相；半导体三极管的基极；可控硅管和双向可控硅管的控制极
绿色	三相电路的 B 相
蓝色	直流电路的负极；半导体三极管的发射极；半导体二极管、整流二极管或可控硅管的阳极
淡蓝色	三相电路的零线或中性线；直流电路的接地中线
黄绿双色	安全接地线

（四）常用电工工具介绍

1. 钳子

钳子是电工常用的工具之一，除了常见的平口钳和尖嘴钳外，还有剥线钳和压线钳。

剥线钳为内线电工、电动机修理和仪器仪表电工常用的工具之一，专供电工剥除电线头部的表面绝缘层用。图 2-1-1(a)所示的就是剥线钳。使用方法：① 根据缆线的粗细型号，选择相应的剥线刀口；② 将准备好的电缆放在剥线工具的刀刃中间，选择好要剥线的长度；③ 握住剥线工具手柄，将电缆夹住，缓缓用力使电缆外表皮慢慢剥落；④ 松开工具手柄，取出电缆线，这时电缆金属整齐地露出，其余绝缘塑料完好无损。

压线钳（见图 2-1-1(b)），是用来压制接头的一种工具。常见的电话线接头、网线接头以及同轴电缆接头都是用压线钳压制而成的。

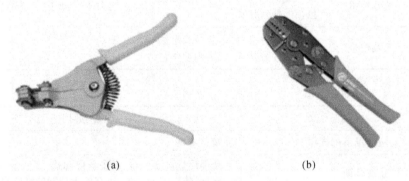

(a)　　　　　　　　　　　　　　　　(b)

图 2-1-1　剥线钳和压线钳

(a) 剥线钳　(b) 压线钳

2. 螺丝刀和扳手

螺丝刀由刀头和柄组成。刀头形状有一字形、十字形两种和其他形状，使用时，手紧握柄，用力顶住，使刀头紧压在螺钉上，以顺时针方向旋转为上紧，逆时针方向旋转为下卸。穿心柄式螺丝刀，可在尾部敲击，但禁止用于有电的场合。

扳手是一种旋紧或拧松有角螺栓或螺母的工具。电工经常用到开口扳手、整体扳手和套筒扳手。开口扳手有单头和双头两种，其开口是和螺钉头、螺母尺寸相适应的，并根据标准尺寸做成一套。整体扳手有正方形、六角形、十二角形（梅花扳手），其中梅花扳手在电工中应用颇广，它只要转过30°，就可改变扳动方向，所以在狭窄的地方工作较为方便。套筒扳手是由一套尺寸不等的梅花筒组成的，使用时用弓形的手柄连续转动，工作效率较高。

3.万用表和测电笔

万用表（见图2-1-2(a)）是电力电子等部门不可缺少的测量仪表，一般以测量电压、电流和电阻为主要目的。万用表按显示方式分为指针万用表和数字万用表，是一种多功能、多量程的测量仪表。一般万用表可测量直流电流、直流电压、交流电流、交流电压、电阻和音频电平等，有的还可以测量交流电流、电容量、电感量及半导体的一些参数等。目前常用的万用电表多为数字型，操作界面清晰简单。

测电笔（见图2-1-2(b)）能检查低压线路和电气设备外壳是否带电。为便于携带，测电笔通常做成笔状，前段是金属探头，内部依次装安全电阻、氖管和弹簧。弹簧与笔尾的金属体相接触。测电笔的测量电压范围为60～500 V（严禁测量高压电）。使用时，手应与笔尾的金属体相接触，而且务必先在正常电源上验证氖管能否正常发光，以确认测电笔验电可靠。由于氖管

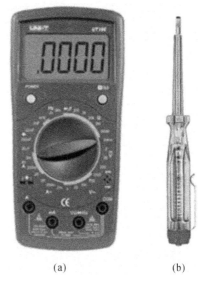

(a)　　　　　　　　(b)

图 2-1-2　万用表和测电笔

(a) 万用表　(b) 测电笔

发光微弱，在明亮的光线下测试时，应当避光检测。用测电笔测试带电物体时，如果氖管内电极一端发生辉光，则所测电是直流电，如果氖管内电极两端都发辉光，则所测电为交流电。

知识巩固

(1) 练习使用工具。

(2) 简述万用表的使用方法。

(3) 测电笔的使用注意事项。

任务实施

制作带接头的同轴电缆，并测试其导通性和电阻。

一、备齐零件和工具

按需要，备齐相关零部件和相关工具，并做好准备工作。零件包括电缆线和接头。工具包括剥线钳、压线钳、电烙铁、焊锡、松香、万用表。

二、制作带接头的同轴电缆

操作步骤

(1) 剥线　用剥线钳将电缆线绝缘外层剥去。

(2) 焊接芯线　依次套入电缆头尾套、压接套管，将屏蔽网往后翻开，剥开内绝缘层，露出芯线长2.5 mm，将芯线插入接头。注意芯线必须插入接头的内开孔槽中，然后从侧面孔上锡。如图2-1-3所示。

(3) 压线　将屏蔽网修剪整齐，余约6 mm。然后将套接管和屏蔽网一起推入接头尾部。用压线钳压紧套管，最后将芯线焊牢。

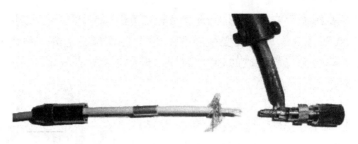

图 2-1-3　焊接芯线

三、检测

操作步骤

（1）用万用表的导通测试挡测试芯线是否导通，芯线和外层是否有短接现象。

（2）如果能确保芯线导通且与外层无短接现象，可测量制作的电缆的电阻，看电阻值是否在正常范围内。如果电阻值偏大或不稳定，可能就是焊接有问题，需要重新焊接。

四、整理

整理好工具和测试数据，将废弃材料放置于专门回收区。

展示评估

任务一评估表

基本素养(20 分)			
序号	评估内容	自评	互评	师评
1	纪律(无迟到、早退、旷课)(10 分)			
2	参与度、团队协作能力、沟通交流能力(5 分)			
3	安全规范操作(5 分)			
理论知识(20 分)			
序号	评估内容	自评	互评	师评
1	低压电器基础知识(5 分)			
2	电气图纸基本知识和规范(8 分)			
3	低压电器连接安装基本操作规范(7 分)			
技能操作(60 分)			
序号	评估内容	自评	互评	师评
1	准备工作和整理工作(5 分)			
2	剥线操作(10 分)			
3	芯线焊接(15 分)			
4	压线操作(15 分)			
5	测试与测量(15 分)			
	综合评价			

任务二　低压断路器的电气原理图、接线图的识读及接线、调试

知识目标

● 了解低压断路器和刀开关的功能。

- 了解低压断路器和刀开关的基本工作原理。
- 了解低压断路器和刀开关的接线及调试。

技能目标

- 能识读低压断路器和刀开关的符号原理图。
- 能识别低压断路器和刀开关的实物。
- 能识别常见的低压断路器和刀开关。
- 能正确选择和使用低压断路器和刀开关。

任务描述

常见低压断路器和刀开关读图、接线及使用。

知识准备

一、刀开关

（一）刀开关的基础知识

刀开关也称低压隔离器,主要在电气线路中起隔离电源的作用,也可作为不频繁地接通和分断空载电路或小电流电路的元件。

刀开关按极数分,有单极、双极和三极;按结构分,有平板式和条架式;按操作方式分,有直接手柄操作、正面旋转手柄操作、杠杆操作和电动机操作;按转换方式分,有单投、双投。另外,还有一种采用叠装式触头元件组成旋转操作的刀开关称为组合开关或转换开关。

常用的 HD 系列和 HS 系列刀开关的外形如图 2-2-1 所示。刀开关的图形和文字符号如图 2-2-2 所示。刀开关上标识对应的含义如图 2-2-3 所示。

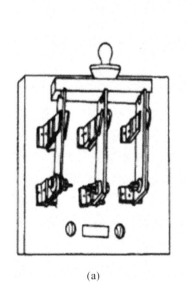
(a)

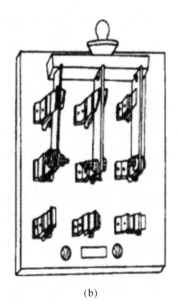
(b)

图 2-2-1 HD 系列、HS 系列刀开关外形图

(a) HD 系列刀开关　(b) HS 系列刀开关

（二）刀开关的主要技术参数

（1）额定电压:在长期工作中能承受的最大电压称为额定电压。目前生产的刀开关的额定电压,一般为交流 500 V 以下,直流 440 V 以下。

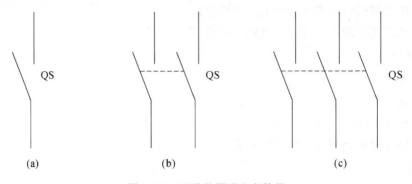

图 2-2-2　开关的图形文字符号

(a) 单极　(b) 双极　(c) 三极

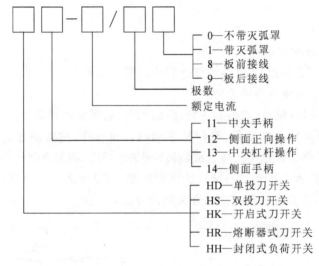

图 2-2-3　开关的型号标识和含义

（2）额定电流：刀开关在合闸位置允许长期通过的最大工作电流称为额定电流。小电流刀开关的额定电流有 10、15、20、30、60 A 共五级。

（3）操作次数：刀开关的使用寿命分机械寿命和电寿命两种。机械寿命指不带电的情况下所能达到的操作次数。电寿命指刀开关在额定电压下能可靠地分断额定电流的总次数。

（4）电稳定性电流：发生短路事故时，不产生变形、破坏或触刀自动弹出的现象时的最大短路电流峰值就是刀开关的电稳定性电流，为其额定电流的数十倍。

（5）热稳定性电流：发生短路事故时，如果能在一定时间（通常是 1 s）内通以某一短路电流，并不会因温度急剧上升而发生熔焊现象，则这一短路电流就称为刀开关的热稳定性电流。通常，刀开关的 1 s 热稳定性电流为其额定电流的数十倍。

（三）刀开关的选用与安装

1.刀开关的选用

（1）按用途和安装位置选择合适的型号和操作方式。

（2）额定电压和额定电流必须符合电路要求。

（3）校验刀开关的电稳定性和热稳定性，如果不满足要求，就应选大一级额定电流的刀开关。

2.刀开关的安装

（1）应做到垂直安装，使闭合操作时的手柄操作方向应从下向上合，断开操作时的手柄操作方向应从上向下分,不允许采用平装或倒装,以防止产生误合闸。

（2）安装后检查闸刀和静插座的接触是否成直线和紧密。

（3）母线与刀开关接线端子相连时,不应存在极大的扭应力,并保证接触可靠。在安装杠杆操作机构时,应调节好连杆的长度,使刀开关操作灵活。

二、低压断路器

（一）低压断路器的基础知识

低压断路器又称空气开关,其作用是不但在正常工作时频繁接通或断开电路,而且在电路发生过载、短路或失压等故障时,能自动跳闸切断故障电路。低压断路器的外形结构及符号如图 2-2-4 所示,文字符号为 QF。

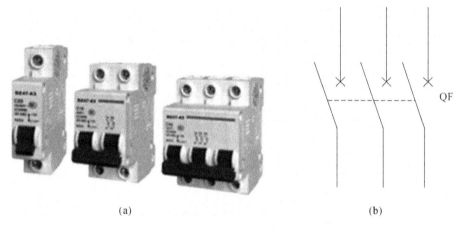

(a)   (b)

图 2-2-4　低压断路器的外形结构和符号图示
(a) 外形结构　(b) 符号

低压断路器的工作原理图如图 2-2-5 所示。其主触点靠手动操作或电动合闸,主触点闭合后、自由脱扣机构将主触点锁住在合闸位置上。过电流脱扣器的线圈和热脱扣器的热元件与主电路串联,欠电压脱扣器的线圈和电源并联。当电路发生短路或严重过载时,过电流脱扣器的衔铁吸合,使脱钩机构动作,主触点断开主电路。当电路过载时,热脱扣器的热元件发热使双金属片向上弯曲,推动自由脱钩机构动作。当电路欠电压时,欠电压脱扣器的衔铁释放,也使自由脱扣机构动作。分励脱扣器则作为远距离控制用,在正常工作时,其线圈是断电的,在需要远距离控制时,按下按钮,使线圈通电,衔铁带动自由脱扣机构动作,使主触点断开。

低压断路器的型号标识和含义如图 2-2-6 所示。

（二）低压断路器的安装与维护

1.低压断路器的安装

（1）安装前的检查。

外观检查。检查断路器在运输过程中有无损坏,紧固件有否松动,可动部分是否灵活等,如果有缺陷,应进行相应的处理或更换。

技术指标检查。检查核实断路器工作电压、电流、脱扣器电流整定值等参数是否符合要求。断路器的脱扣器整定值等各项参数出厂前已整定好,原则上不准再动。

绝缘电阻检查。安装宜先用 500 V 兆欧表检查断路器相与相、相与地之间的绝缘电阻,不小于 10 MΩ,否则断路器应烘干。

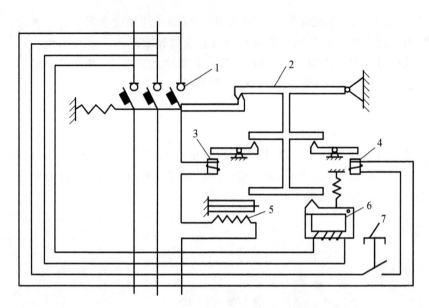

图 2-2-5　低压断路器原理图

1—主触头；2—自由脱扣机构；3—过电流脱扣器；4—分励脱扣器；5—热脱扣器；6—欠电压脱扣器；7—停止按钮

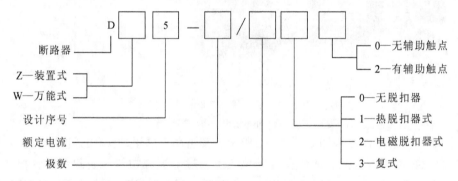

图 2-2-6　低压断路器的型号标识和含义

清除灰尘和污垢，擦净极面上的防锈油脂。

（2）安装时应注意的事项。

断路器底板应垂直于水平位置，固定后，断路器应安装平整，不应有附加机械应力。电源进线应接在断路器的上母线，接负载的出线应接在下母线。为防止发生飞弧，安装时应考虑到断路器的飞弧距离。设有接地螺钉的产品，均应可靠接地。

2. 低压断路器的维护

通常断路器在使用期内，应定期进行全面的维护与检修，主要内容如下。

（1）每隔一定时间（一般为半年），应清除落于断路器上的灰尘，以保护断路器良好的绝缘。

（2）操作机构每使用一段时间（可考虑一至两年一次），在传动机构部分应加润滑油（小容量塑壳断路器不需要）。

（3）灭弧室在因短路分断后，或较长时期使用之后，应清除灭弧室内壁和栅片上的金属颗粒和黑烟灰。有时陶瓷灭弧室容易破损，如发现破损的灭弧室，必须更换；长期不用的，在需要使用前应先烘干一次，以保证良好的绝缘。

（4）断路器的触头在长期使用后，如触头表面发现有毛刺、金属颗粒等，应当予以清理，以保证良好的接触。对可更换的弧触头，如果发现其磨损到少于原来厚度的 1/3 时要考虑更换。

（5）定期检查各脱扣器的电流整定值和延时,特别是电子式脱扣器,应定期用试验按钮检查其动作情况。

知识巩固

（1）简述刀开关安装时的注意事项。

（2）简述空气开关的工作原理。

任务实施

低压断路器和刀开关的识别、安装和使用。

一、备齐工具

按需要,备齐相关工具,并做好准备工作。工具包括螺丝刀、万用表。

二、刀开关的识别

根据刀开关的标识,说出该刀开关的型号、额定电压和额定电流。

三、刀开关的安装

在电源断开时,用螺丝刀拆开刀开关的塑料壳,观察其内部结构,然后将外壳重新安装好。

四、刀开关的使用

练习使用刀开关启动和关闭三相异步电动机。

（1）合上 QS,三相异步电动机通电启动。

（2）断开 QS,三相异步电动机端点停止。

五、利用断路器（空气开关）控制室内电源

（1）找到室内空气开关位置,根据标识识别其型号。

（2）拉下空气开关,用万用表检查室内电源是否已经断开。

（3）闭合空气开关,用万用表检查室内电源是否已经开启,工作是否正常。

图 2-2-7 所示为利用刀开关控制三相异步电动机的电气原理图和实物示意图。

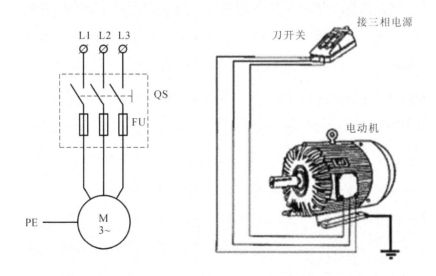

图 2-2-7　利用刀开关控制三相异步电动机的电气原理图和实物示意图

六、整理

整理好设备,将废弃材料放置于专门回收区。

展示评估

任务二评估表

基本素养(20分)			
序号	评估内容	自评	互评	师评
1	纪律(无迟到、早退、旷课)(10分)			
2	参与度、团队协作能力、沟通交流能力(5分)			
3	安全规范操作(5分)			

理论知识(20分)			
序号	评估内容	自评	互评	师评
1	刀开关的基础知识(6分)			
2	刀开关的主要参数和安装规范(6分)			
3	断路器的工作原理、图标和分类(8分)			

技能操作(60分)			
序号	评估内容	自评	互评	师评
1	准备工作和整理工作(5分)			
2	刀开关的识别(10分)			
3	刀开关的拆装(15分)			
4	使用刀开关控制三相异步电动机(15分)			
5	断路器的识别和使用(15分)			
综合评价				

任务三　接触器的电气原理图、接线图的识读及接线、调试

知识目标

- 了解接触器的功能。
- 了解接触器的基本工作原理。
- 了解接触器的接线及调试。

技能目标

- 能识读接触器的符号原理图。
- 能识别接触器的实物。
- 能识别常见的接触器。
- 能正确选择和使用接触器。

任务描述

常见自动低压控制电器读图、接线及使用。

知识准备

一、接触器的基础知识

接触器,是一种用来自动接通或断开大电流电路的电器。它可以频繁地接通或分断交直流电路,并可实现远距离控制。其主要控制对象是电动机,也可用于电热设备、电焊机、电容器组等其他负载。它还具有低电压释放保护功能,接触器具有控制容量大、过载能力强、寿命长、设备简单经济等特点,是电力拖动自动控制线路中使用最广泛的电气元件。接触器的图形文字符号如图 2-3-1 所示。

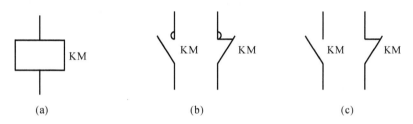

(a)　　　　　　　　(b)　　　　　　　　(c)

图 2-3-1　接触器的图形文字符号

(a) 线圈　(b) 主触点　(c) 辅助触点

电磁式接触器的工作原理如下:线圈通电后,在铁芯中产生磁通及电磁吸力。此电磁吸力克服弹簧反力使得衔铁吸合,带动触点机构动作,导致常闭触点打开,常开触点闭合,互锁或接通线路。线圈失电或线圈两端电压显著降低时,电磁吸力小于弹簧反力,使得衔铁释放,触点机构复位,断开线路或解除互锁。

接触器的主要技术参数有极数和电流种类、额定工作电压、额定工作电流(或额定控制功率)、额定通断能力、线圈额定电压、允许操作频率、机械寿命和电寿命、接触器线圈的启动功率和吸持功率,使用类别等。

直流和交流接触器的型号标识和含义如图 2-3-2 所示。

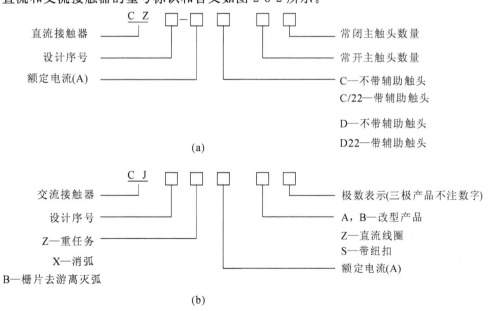

(a)

(b)

图 2-3-2　直流和交流接触器的型号标识和含义

(a) 直流接触器型号　(b) 交流接触器型号

二、接触器的选用安装和维护

1.接触器的选用

交流负载应使用交流接触器，直流负载使用直流接触器；如果控制系统中主要是交流电动机，而直流电动机或直流负载的容量比较小时，也可以选用交流接触器进行控制，但触头的额定电流应选大些。

接触器主触头的额定电压：其值应大于或等于负载回路的额定电压。

接触器主触头的额定电流：按手册或说明书上规定的使用类别使用接触器时，接触器主触头的额定电流应等于或稍大于实际负载额定电流。在实际使用中还应考虑环境因素的影响，如柜内安装或高温条件时应适当增大接触器额定电流。

接触器吸引线圈的电压一般从人身和设备安全的角度考虑，该电压值可以选择低一些；但当控制线路比较简单，用电不多时，为了节省变压器，则选用 220 V、380 V。

接触器的触头数量、种类等应满足控制线路的要求。

2.接触器的安装与维护

接触器的使用寿命的长短，不仅取决于产品本身的技术性能，而且与产品的使用维护是否符合要求有关。在安装、调整及使用接触器时应注意以下各点。

安装前：应检查产品的铭牌及线圈上的技术数据（如额定电压、电流、操作频率和通电持续率等）是否符合实际使用要求；用手分合接触器的活动部分，要求产品动作灵活无卡住现象；将铁芯极面上的防锈油擦净，以免油垢黏滞而造成接触器断电不能可靠释放；检查与调整触头的工作参数（开距、超程、初压力和终压力等），并使各极触头动作同步。

安装与调整：安装时应将螺钉拧紧，以防振动松脱；检查接线正确无误后，应在主触头不带电的情况下，先使吸引线圈通电分合数次，检查产品动作是否可靠，然后才能投入使用。

知识巩固

(1) 简述接触器的工作原理。

(2) 接触器主要由哪几部分构成？各部分的作用是什么？

任务实施

常见自动低压控制电器读图、接线及使用。

一、备齐工具

按需要，备齐相关工具，并做好准备工作。主要工具和设备包括空气开关、接触器、三相异步电动机、继电器、变压器、螺丝刀、万用电表。

二、利用接触器控制三相异步电动机点动

(一) 认知

控制原理分析：首先合上起隔离开关作用的刀开关 Q，然后按下启动按钮 SB，控制电流经电源 L3 端→Q→FU→按下的 SB→接触器 LM 线圈→FU→Q→电源 L2 端形成闭合回路，接触器线圈得电产生电磁力并使其主触点 KM 闭合。电动机定子绕组与三相电源接通，电动机启动运行；当松开控制按钮 SB 时，接触器线圈失电，其主触点断开，电动机脱离电源而停止运行。

由于采用图 2-3-3 所示电路时，只有按住按钮电动机才能运行，一旦松开按钮电动机就会停止运行，所以叫点动控制。显然这种控制电路只适用于电动机不经常运行且一次运行时间较短,或者对被电动机拖动的机械进行位置"调整"的场合。

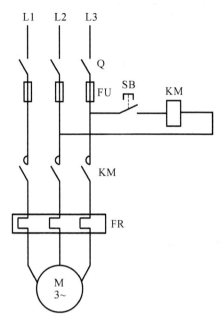

图 2-3-3 利用接触器控制三相异步电动机点动原理图

(二)利用接触器控制三相异步电动机点动

(1)对照图 2-3-3 检查接线是否正确。

(2)合上电源刀开关。

(3)按下控制按钮,观察电动机是否转动;然后立刻松开按钮,观察电动机是否已经停止工作。

(4)按下控制按钮一段时间,观察电动机是否持续工作,然后松开按钮。

三、整理

整理好设备,将废弃材料放置于专门回收区。

展示评估

任务三评估表

基本素养(20 分)			
序号	评估内容	自评	互评	师评
1	纪律(无迟到、早退、旷课)(10 分)			
2	参与度、团队协作能力、沟通交流能力(5 分)			
3	安全规范操作(5 分)			
理论知识(20 分)			
序号	评估内容	自评	互评	师评
1	接触器基础知识(6 分)			
2	接触器的使用(8 分)			
3	控制器的使用(6 分)			
技能操作(60 分)			

序号	评估内容	自评	互评	师评
1	准备工作和整理工作(5 分)			
2	识别空气开关并利用空气开关控制电路(10 分)			
3	识读接触器控制三相异步电动机点动原理图(10 分)			
4	利用接触器控制三相异步电动机点动(25 分)			
5	接触器的识别与拆装(10 分)			
综合评价				

任务四　继电器的电气原理图、接线图的识读及接线、调试

知识目标

- 了解继电器的功能。
- 了解继电器的基本工作原理。
- 了解继电器的接线及调试。

技能目标

- 能识读继电器的符号原理图。
- 能识别继电器的实物。
- 能识别常见的继电器。
- 能正确选择和使用继电器。

任务描述

常见自动低压控制电器读图、接线及使用。

知识准备

一、继电器的基础知识

继电器是一种利用各种物理量的变化,将电量或非电量信号转化为电磁力或使输出状态发生阶跃变化,从而通过其触头或突变量促使在同一电路或另一电路中的其他器件或装置动作的一种控制元件。它用在各种控制电路中进行信号传递、放大、转换、联锁等,控制主电路和辅助电路中的器件或设备按预定的动作程序进行工作,实现自动控制和保护的目的。

一般来说,继电器通过测量环节输入外部信号(比如电压、电流等电量或温度、压力、速度等非电量)并传递给中间机构,将它与设定值(即整定值)进行比较,当达到整定值时(过量或欠量),中间机构就使执行机构产生输出动作,从而闭合或分断电路,达到控制电路的目的。

常用的继电器按动作原理分有电磁式、磁电式、感应式、电动式、光电式、压电式、热继电器与时间继电器等。按激励量不同分为交流、直流、电压、电流、时间、速度、温度、压力、脉冲、中间继电器等。

普通电磁式继电器的结构、工作原理与接触器类似,主要由电磁机构和触头系统组成,但没有灭弧装置,不分主副触头。与接触器的主要区别在于:能灵敏地对电压、电流变化作出反应,触头数量很多但容量较小,主要用来切换小电流电路或用作信号的中间转换。电磁式继电器的图形文字符号如图 2-4-1 所示。

图 2-4-1　电磁式继电器图形、文字符号

电磁式继电器按输入信号不同分有:电压继电器、电流继电器、时间继电器、速度继电器和中间继电器。按线圈电流种类不同分有:交流继电器和直流继电器。按用途不同分有:控制继电器、保护继电器、通信继电器和安全继电器等。

二、电磁继电器

1. 电磁继电器工作原理

电磁式继电器(见图 2-4-2)一般由铁芯、线圈、衔铁、触点簧片等组成。只要在线圈两端加上一定的电压,线圈中就会流过一定的电流,从而产生电磁效应,衔铁就会在电磁力吸引的作用下克服返回弹簧的拉力吸向铁芯,从而带动衔铁的动触点与静触点(常开触点)吸合。当线圈断电后,电磁的吸力也随之消失,衔铁就会在弹簧的反作用力下返回原来的位置,使动触点与原来的静触点(常闭触点)释放。这样吸合、释放,从而达到了在电路中的导通、切断功能。对于继电器的"常开、常闭"触点,可以这样来区分:继电器线圈未通电时处于断开状态的静触点,称为常开触点;继电器线圈未通电时处于接通状态的静触点称为"常闭触点"。

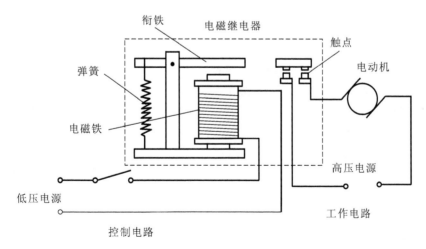

图 2-4-2　电磁式继电器

2. 继电器的触点

(1) 电磁继电器触点表示方法。

一种是把它们直接画在长方框一侧,这种表示法较为直观。另一种是按照电路连接的需要,把各个触点分别画到各自的控制电路中,通常在同一继电器的触点与线圈旁分别标注

上相同的文字符号,并将触点组编上号码,以示区别。

(2)继电器的触点有三种基本形式。

① 动合型(H 型) 线圈不通电时两触点是断开的,通电后两个触点就闭合了。以"合"字的拼音字头"H"表示。

② 动断型(D 型) 线圈不通电时两触点是闭合的,通电后两个触点就断开了。用"断"字的拼音字头"D"表示。

③ 转换型(Z 型) 这是触点组型,这种触点组共有三个触点,中间的触点是动触点,上下各一个触点是静触点。线圈不通电时,动触点和其中一个静触点断开和另一个静触点闭合;线圈通电后,动触点就移动了,使原来断开的成闭合状态,原来闭合的成断开状态,达到转换的目的。这样的触点组称为转换触点。用"转"字的拼音字头"Z"表示。

三、继电器的型号表示

一般国产继电器型号命名由四部分组成:第一部分+第二部分+第三部分+第四部分。

(1)继电器型号的第一部分用字母表示继电器的组成类型。

JR——小功率继电器

JZ——中功率继电器

JQ——大功率继电器

JC——磁电式继电器

JU——热继电器或温度继电器

JT——特种继电器

JM——脉冲继电器

JS——时间继电器

JAG——干簧式继电器

(2)继电器型号的第二部分用字母表示继电器的形状特征。

W——微型

X——小型

C——超小型

(3)继电器型号的第三部分用数字表示产品序号。

(4)继电器型号的第四部分用字母表示防护特征。

F——封闭式

M——密封式

例如:JRX-13F 表示为封闭式小功率小型继电器。

其中:JR——小功率继电器;

X——小型;

13——序号。

知识巩固

(1)简述电磁式继电器的触点类型。

(2)简述电磁式继电器的工作原理。

任务实施

继电器的拆装及使用。

一、备齐工具和设备

按需要,备齐相关工具和设备,并做好准备工作。主要工具和设备包括继电器、螺丝刀。

二、继电器的识别与拆装

(1)观察各种继电器器件的外形。

(2)根据标识读出其型号。

(3)拆开并重新装好继电器。

三、整理

收拾仪器设备,将废弃物放置于专门回收处。

展示评估

任务四评估表

基本素养(20分)				
序号	评估内容	自评	互评	师评
1	纪律(无迟到、早退、旷课)(10分)			
2	参与度、团队协作能力、沟通交流能力(5分)			
3	安全规范操作(5分)			
理论知识(20分)				
序号	评估内容	自评	互评	师评
1	继电器基础知识(6分)			
2	继电器的原理(8分)			
3	继电器的使用(6分)			
技能操作(60分)				
序号	评估内容	自评	互评	师评
1	准备工作和整理工作(10分)			
2	继电器的观察(10分)			
3	继电器的识别(15分)			
4	继电器的拆装(25分)			
综合评价				

任务五　按钮的电气原理图、接线图的识读及接线、调试

知识目标

● 了解按钮的功能。

● 了解按钮的电气原理图。

● 了解按钮的接线及调试。

技能目标

● 能识读按钮的符号原理图。

● 能识别按钮。

● 能正确使用按钮。

任务描述

按钮的识别、安装和使用。

知识准备

一、按钮基础知识

控制按钮是一种结构简单、使用广泛的手动电器,它可以配合继电器、接触器,对电动机实现远距离的自动控制。按钮开关结构及原理图如图 2-5-1 所示。

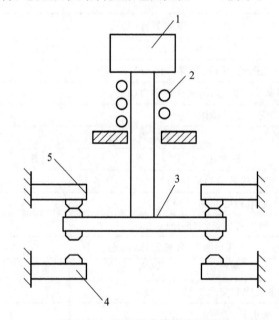

图 2-5-1 按钮开关结构及原理图

1—按钮帽;2—复位弹簧;3—动触点;4—常开静触点;5—常闭静触点

控制按钮由按钮帽、复位弹簧、桥式触点和外壳等部分组成,通常做成复合式,即具有常闭触点和常开触点。按下按钮时,常闭触点先断开,常开触点后闭合;按钮释放时,在复位弹簧的作用下,按钮触点按相反顺序自动复位。按钮的图形文字符号如图 2-5-2 所示。

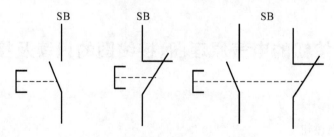

图 2-5-2 按钮的图形文字符号

控制按钮的种类很多,按结构分有揿钮式、紧急式、钥匙式、旋钮式、带指示灯式按钮等。

二、按钮型号的表示方法

1.按钮型号的标识和含义

按钮型号的标识和含义如图 2-5-3 所示。

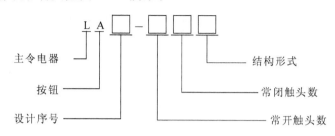

图 2-5-3　按钮型号的标识和含义

结构形式：K-开启式；J-紧急式；H-保护式；Y-钥匙式；S-防水式；X-旋钮式；F-防腐式；D-带指示灯式；DJ-紧急式（带指示灯）

2.按钮的主要技术参数（见表 2-5-1）

表 2-5-1　按钮的主要技术参数

型号	额定电压/V	额定电流/A	结构形式	触头对数（副）		按钮数	按钮颜色
				常开	常闭		
LA2			元件	1	1	1	黑、绿、红
LA10—2K			开启式	2	2	2	黑、绿、红
LA10—3K			开启式	3	3	3	黑、绿、红
LA10—2H			保护式	2	2	2	黑、绿、红
LA10—3H			保护式	3	3	3	黑、绿、红
LA18—22J	500	5	元件（紧急式）	2	2	1	红
LA18—44J			元件（紧急式）	4	4	1	红
LA18—66J			元件（紧急式）	6	6	1	红
LA18—22Y			元件（钥匙式）	2	2	1	本色
LA18—44Y			元件（钥匙式）	4	4	1	本色
LA18—22X			元件（旋钮式）	2	2	1	黑
LA18—44X			元件（旋钮式）	4	4	1	黑
LA18—66X			元件（旋钮式）	6	6	1	黑
LA19—11J			元件（紧急式）	1	1	1	红
LA19—11D			元件（带指示灯式）	1	1	1	红、绿、黄、蓝、白

知识巩固

（1）说明下列按钮型号所代表的意义。

LA10-1K　LA10-2H　LA10-3D

（2）写出按钮的图形和文字符号。

任务实施

按钮的识别、安装和使用。

一、备齐工具

按需要,备齐相关工具,并做好准备工作。工具包括螺丝刀、按钮、万用表。

二、控制按钮的识别和使用

观察实验室内设备的按钮,分别指出各按钮属于哪种类型,在教师指导下,通过使用按钮来控制设备实现部分功能。

三、按钮拆装

(1) 观察各种按钮的外形。

(2) 根据标识读出其型号。

(3) 拆开并重新装好按钮。

四、整理

整理好设备,将废弃材料放置于专门回收区。

展示评估

任务五评估表

基本素养(20分)			
序号	评估内容	自评	互评	师评
1	纪律(无迟到、早退、旷课)(10分)			
2	参与度、团队协作能力、沟通交流能力(5分)			
3	安全规范操作(5分)			
理论知识(20分)			
序号	评估内容	自评	互评	师评
1	按钮的基础知识(6分)			
2	按钮的工作原理(6分)			
3	控制按钮的图标和分类(8分)			
技能操作(60分)			
序号	评估内容	自评	互评	师评
1	准备工作和整理工作(10分)			
2	按钮的识别(10分)			
3	按钮的拆装(25分)			
4	按钮接线(15分)			
综合评价				

任务六　电磁阀的电气原理图、接线图的识读及接线、调试

知识目标

- 了解电磁阀的功能。
- 了解电磁阀的基本工作原理。
- 了解电磁阀的选用和维护知识。

技能目标

- 能识读电磁阀符号和原理图。
- 能识别电磁阀实物。
- 能正确选择、使用电磁阀。

任务描述

电磁阀识别、读图和使用。

知识准备

一、电磁阀的基础知识

电磁阀(electromagnetic valve)是用电磁控制的工业设备,是用来控制流体的自动化基础元件,属于执行器,并不限于液压、气动场合。可在工业控制系统中用于调整介质的方向、流量、速度和其他的参数。电磁阀可以配合不同的电路来实现预期的控制,而控制的精度和灵活性都能够保证。电磁阀有很多种,不同的电磁阀在控制系统的不同位置发挥不同的作用,最常用的是单向阀、安全阀、方向控制阀、速度调节阀等。

实际中不同电磁阀的原理不完全一样,以直动式电磁阀为例,如图 2-6-1 所示。通电时,电磁线圈产生的电磁力会把关闭件从阀座上提起,阀门打开;断电时,电磁力消失,弹簧会把关闭件压在阀座上,阀门关闭。

电磁阀符号如图 2-6-1 所示。由方框、箭头、"T"和字符构成。电磁阀图形符号的含义一般如下。

(1)用方框表示阀的工作位置,每个方块表示电磁阀的一种工作位置,即"位"。有几个方框就表示有几"位",如二位三通表示有两种工作位置。图 2-6-1 中的"非通电"和"通电"就是两个不同的工作位置。

(2)识别常态位。电磁阀有两个或两个以上的工作位置,其中一个为常态位,即阀芯在非通电时所处的位置。对于二位阀,利用弹簧复位的二位阀则以靠近弹簧的方框内的通路状态为其常态位。对于三位阀,图形符号中的中位是常态位。绘制系统图时,油路/气路一般应连接在换向阀的常态位上。

(3)方框内的箭头表示对应的两个接口处于连通状态。

(4)方框内符号"T"表示该接口不通。

(5)方框外部连接的接口数有几个,就表示几"通"。

(6)一般,流体的进口端用字母 P 表示,排出口用 R 表示,而阀与执行元件连接的接口

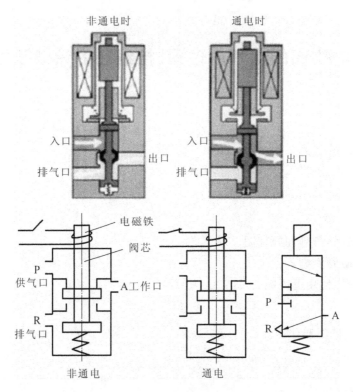

图 2-6-1　直动式电磁阀原理及符号

用 A、B 等表示。

二、电磁阀的选用

　　磁阀选型首先应该依次遵循安全性、可靠性、适用性、经济性四大原则,其次是根据六个方面的现场工况(即管道参数、流体参数、压力参数、电气参数、动作方式、特殊要求)来进行选择。

　　1.安全性

　　(1)腐蚀性介质:宜选用塑料王电磁阀和阀壳材料为全不锈钢的电磁阀;对于强腐蚀的介质必须选用隔离膜片式。

　　(2)中性介质:宜选用铜合金为阀壳材料的电磁阀,否则,阀壳中常有锈屑脱落,尤其是在动作不频繁的场合。氨用阀则不能采用铜材电磁阀。

　　(3)爆炸性环境:必须选用相应防爆等级的产品,露天安装或粉尘多的场合应选用防水、防尘品种。

　　(4)电磁阀公称压力应超过管内的最高工作压力。

　　2.适用性

　　1)介质特性

　　(1)使用介质温度不同规格的产品,会导致线圈烧掉,密封件老化,严重影响寿命。

　　(2)介质黏度,通常在 50cSt 以下。若超过此值,通径大于 15 mm 时,使用多功能电磁阀;通径小于 15 mm 时,使用高黏度电磁阀。

　　(3)介质清洁度不高时都应在电磁阀前装配反冲过滤阀,压力低时,可选用直动膜片式电磁阀。

（4）介质若是定向流通，且不允许倒流，需用双向流通。

（5）介质温度应选在电磁阀允许范围之内。

2）管道参数

（1）根据介质流向要求及管道连接方式选择阀门通口及型号。

（2）根据流量和阀门 Kv 值选定公称通径，也可选同管道内径。

（3）最低工作压差在 0.04 MPa 以上时可选用间接先导式电磁阀；最低工作压差接近或小于零时必须选用直动式或分步直接式电磁阀。

3）环境条件

（1）环境的最高和最低温度应选在允许的范围之内。

（2）环境中相对湿度高及有水滴雨淋等场合，应选防水电磁阀。

（3）环境中经常有振动、颠簸和冲击等场合应选特殊品种电磁阀，例如船用电磁阀。

（4）在有腐蚀性或爆炸性环境中应优先根据安全性要求选用耐发蚀型电磁阀。

（5）环境空间若受限制，需选用多功能电磁阀，因为这样可省去旁路及三只手动阀且便于在线维修。

4）电源条件

（1）根据供电电源种类，分别选用交流和直流电磁阀。一般来说交流电源取用方便。

（2）电压规格尽量优先选用 AC220V，DC24V。

（3）电源电压波动通常交流选用±（10%～15%），直流允许±10%的波动，如若超差，须采取稳压措施。

（4）应根据电源容量选择额定电流和消耗功率。须注意交流启动时 VA 值较高，在容量不足时应优先选用间接导式电磁阀。

5）控制精度

（1）普通电磁阀只有开、关两个位置，在控制精度要求高和参数要求平稳时需选用多位电磁阀。

（2）动作时间：指电信号接通或切断至主阀动作完成的时间。

（3）泄漏量：样本上给出的泄漏量数值为常用经济等级。

3.可靠性

（1）工作寿命，此项不列入出厂试验项目，属于形式试验项目。为确保质量应选正规厂家的名牌产品。

（2）工作制式：分长期工作制、反复短时工作制和短时工作制三种。对于阀门长时间开通只有短时关闭的情况，则宜选用常开电磁阀。

（3）工作频率：动作频率要求高时，结构应优选直动式电磁阀，电源应优选交流电源。

（4）动作可靠性。

严格来说，此项试验尚未正式列入中国电磁阀专业标准，为确保质量应选正规厂家的名牌产品。有些场合动作次数并不多，但对可靠性要求却很高，如消防、紧急保护等，切不可掉以轻心。特别重要的，还应采取两只连用双保险。

4.经济性

必须是在安全、适用、可靠的基础上保证经济性。经济性不单是产品的售价，更要优先考虑其功能和质量以及安装维修及其他附件所需用的费用。更需注意的是，一只电磁阀在整个自控系统中乃至生产线中所占的成本微乎其微，如果贪图小便宜错选而造成的损害是巨大的。

三、电磁阀的型号表示

电磁阀型号的标识和含义如图 2-6-2 所示。

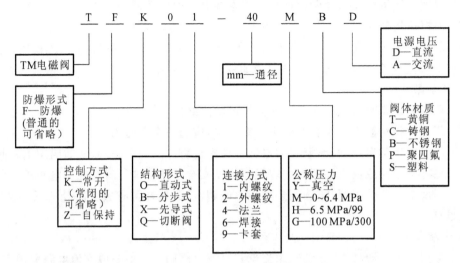

图 2-6-2　电磁阀型号的标识和含义

四、电磁阀的安装和维护

1.安装注意事项

(1)安装时应注意阀体上的箭头要与介质流向一致。不可装在有直接滴水或溅水的地方。电磁阀应垂直向上安装。

(2)电磁阀应保证在电源电压为额定电压的 10%～15%波动范围内正常工作。

(3)电磁阀安装后,管道中不得有反向压差,并需通电数次,使之适温后方可正式投入使用。

(4)电磁阀安装前应彻底清洗管道。通入的介质应无杂质。阀前应装过滤器。

(5)当电磁阀发生故障或清洗时,为保证系统继续运行,应安装旁路装置。

2.常见故障及处理方法

(1)电磁阀接线头松动或线头脱落,电磁阀不得电,可紧固线头。

(2)电磁阀线圈烧坏,可拆下电磁阀的接线,用万用表测量,如果开路,则电磁阀线圈烧坏。原因有线圈受潮,引起绝缘不好而漏磁,造成线圈内电流过大而烧毁,因此要防止雨水进入电磁阀。此外,弹簧过硬,反作用力过大,线圈匝数太少,吸力不够也会造成线圈烧毁。紧急处理时,可将线圈上的手动按钮由正常工作时的"0"位打到"1"位,使得阀打开。

(3)电磁阀卡住:电磁阀的滑阀套与阀芯的配合间隙很小(小于 0.008 mm),一般都是单件装配,当有机械杂质带入或润滑油太少时,很容易卡住。处理方法可用钢丝从头部小孔捅入,使其弹回。根本的解决方法是要将电磁阀拆下,取出阀芯及阀芯套,用 CCl₄ 清洗,使得阀芯在阀套内动作灵活。拆卸时应注意各部件的装配顺序及外部接线位置,以便重新装配及接线正确,还要检查油雾器喷油孔是否堵塞,润滑油是否足够。

(4)漏气:漏气会造成空气压力不足,使得强制阀的启闭困难,原因是密封垫片损坏或滑阀磨损而造成几个空腔窜气。在处理切换系统的电磁阀故障时,应选择适当的时机,等该电磁阀处于失电时进行处理,若在一个切换间隙内处理不完,可暂停切换系统,从容处理。

知识巩固

(1)简述电磁阀选用时的注意事项。

(2)简述电磁阀安装时的注意事项。

任务实施

电磁阀读图和使用。

一、备齐工具

按需要,备齐相关工具,并做好准备工作。主要工具和设备包括电磁阀、螺丝刀、万用表、交流电流表、导线电缆若干。

二、电磁阀的识别与拆装

(1)观察各种电磁阀器件的外形。

(2)根据标识读出电磁阀的型号。

(3)拆开并重新装好继电器。

三、整理

收拾仪器设备,将废弃物放置于专门回收处。

展示评估

任务六评估表

基本素养(20分)			
序号	评估内容	自评	互评	师评
1	纪律(无迟到、早退、旷课)(10分)			
2	参与度、团队协作能力、沟通交流能力(5分)			
3	安全规范操作(5分)			
理论知识(20分)			
序号	评估内容	自评	互评	师评
1	电磁阀基础知识(6分)			
2	电磁阀的原理(6分)			
3	电磁阀的使用(8分)			
技能操作(60分)			
序号	评估内容	自评	互评	师评
1	准备工作和整理工作(10分)			
2	电磁阀的观察(10分)			
3	电磁阀的识别(15分)			
4	电磁阀的拆装(25分)			
综合评价			

任务七　开关电源的电气原理图、接线图的识读及接线、调试

知识目标

- 了解开关电源的功能。
- 了解开关电源的基本工作原理。
- 了解开关电源的选用和维护知识。

技能目标

- 能识读开关电源符号和原理图。
- 能识别开关电源的实物。
- 能正确选择、使用开关电源。

任务描述

开关电源识别、读图和使用。

知识准备

一、开关电源的基础知识

控制变压器主要适用于交流 50 Hz(或 60 Hz),电压 1000 V 及以下电路中,在额定负载下可连续长期工作。通常用于机床、机械设备中作为电器的控制照明及指示灯电源。

开关电源(见图 2-7-1)大致由主电路、开关电源、控制电路、检测电路、辅助电源四大部分组成。

图 2-7-1　开关电源

1. 主电路

冲击电流限幅:限制接通电源瞬间输入侧的冲击电流。

输入滤波器:其作用是过滤电网存在的杂波及阻碍本机产生的杂波并反馈回电网。

整流与滤波:将电网交流电源直接整流为较平滑的直流电。

逆变:将整流后的直流电变为高频交流电,这是高频开关电源的核心部分。

输出整流与滤波:根据负载需要,提供稳定可靠的直流电源。

2. 控制电路

一方面从输出端取样,与设定值进行比较,然后去控制逆变器,改变其脉宽或脉频,使输

出稳定,另一方面,根据测试电路提供的数据,经保护电路鉴别,提供控制电路对电源进行各种保护措施。

3. 检测电路

提供正在运行的保护电路中的各种参数和各种仪表数据。

4. 辅助电源

实现电源的软件(远程)启动,为保护电路和控制电路(PWM 等芯片)供电。

二、开关电源的使用和维护

1. 工作条件

(1) 开关:电力电子器件工作在开关状态而不是线性状态。

(2) 高频:电力电子器件工作在高频而不是接近工频的低频。

(3) 直流:开关电源输出的是直流而不是交流。

2. 开关电源的使用

(1) 输出电流计算。

因开关电源工作效率高,一般可达到 80% 以上,故在其输出电流的选择上,应准确测量或计算用电设备的最大吸收电流,以使被选用的开关电源具有高的性能价格比,通常输出计算公式为

$$I_\mathrm{s} = KI_\mathrm{f}$$

式中：I_s——开关电源的额定输出电流;

I_f——用电设备的最大吸收电流;

K——裕量系数,一般取 1.5~1.8。

(2) 接地。

开关电源比线性电源会产生更多的干扰,对共模干扰敏感的用电设备,应采取接地和屏蔽措施,按 ICE1000、EN61000、FCC 等 EMC 限制,开关电源均采取 EMC 电磁兼容措施,因此开关电源一般应带有 EMC 电磁兼容滤波器。如利德华福技术的 HA 系列开关电源,将其 FG 端子接大地或接用户机壳,方能满足上述电磁兼容的要求。

(3) 保护电路。

开关电源在设计中必须具有过流、过热、短路等保护功能,故在设计时应首选齐备的开关电源模块,并且其保护电路的技术参数应与用电设备的工作特性相匹配,以避免损坏用电设备或开关电源。

(4) 接线方法。

L:接 220 V 交流火线。

N:接 220 V 交流零线。

FG:接大地。

G:直流输出的地。

+5 V:输出 +5 V 点的端口。

ADJ:是在一定范围内调节输出电压的,开关电源上输出的额定电压本来在出厂时是固定的,也就是标称额定输出电压,设置此电位器可以让用户根据实际使用情况在一个较小的范围内调节输出电压,一般情况下是不需要调整它的。

3. 开关电源的维修

维修可分为两步进行。

（1）断电情况下，"看、闻、问、量"。

看：打开电源的外壳，检查保险丝是否熔断，再观察电源的内部情况，如果发现电源的PCB板上有烧焦处或元件破裂，则应重点检查此处元件及相关电路元件。

闻：闻一下电源内部是否有煳味，检查是否有烧焦的元器件。

问：问一下电源损坏的经过，是否对电源进行过违规操作。

量：没通电前，先用万用表量一下高压电容两端的电压。如果是开关电源不起振或开关管开路引起的故障，则大多数情况下，高压滤波电容两端的电压未泄放掉，此电压有 300 多伏，需小心。用万用表测量 AC 电源线两端的正反向电阻及电容器充电情况，电阻值不应过低，否则电源内部可能存在短路。电容器应能充放电。脱开负载，分别测量各组输出端的对地电阻，正常时，表针应有电容器充放电摆动，最后指示的应为该路的泄放电阻的阻值。

（2）加电检测。

通电后观察电源是否有烧保险及个别元件冒烟等现象，若有要及时切断供电进行检修。

测量高压滤波电容两端有无 300 V 电压输出，若无应重点检查整流二极管、滤波电容等。

测量高频变压器次级线圈有无输出，若无应重点检查开关管是否损坏，是否起振，保护电路是否动作等，若有则应重点检查各输出侧的整流二极管、滤波电容、三通稳压管等。

如果电源启动一下就停止，则该电源处于保护状态下，可直接测量 PWM 芯片保护输入脚的电压，如果电压超出规定值，则说明电源处于保护状态下，应重点检查产生保护的原因。

知识巩固

（1）简述开关电源的工作原理。

（2）如何选用开关电源。

任务实施

开关电源读图和使用。

一、备齐工具

按需要，备齐相关工具，并做好准备工作。主要工具和设备包括开关电源、螺丝刀、导线。

二、观察开关电源的结构

三、开关电源的接线

四、整理

收拾仪器设备，将废弃物放置于专门回收处。

展示评估

任务七评估表

基本素养（20分）				
序号	评估内容	自评	互评	师评
1	纪律（无迟到、早退、旷课）（10分）			
2	参与度、团队协作能力、沟通交流能力（5分）			
3	安全规范操作（5分）			

理论知识(20分)				
序号	评估内容	自评	互评	师评
1	开关电源基础知识(6分)			
2	开关电源的工作原理(6分)			
3	开关电源的使用(8分)			
技能操作(60分)				
序号	评估内容	自评	互评	师评
1	准备工作和整理工作(10分)			
2	开关电源的观察(10分)			
3	开关电源接线(25分)			
4	开关电源的识别(15分)			
综合评价				

任务八　控制变压器的电气原理图、接线图的识读及接线、调试

知识目标

- 了解控制变压器的功能。
- 了解控制变压器的基本工作原理。
- 了解控制变压器的选用和维护知识。

技能目标

- 能识读控制变压器符号和原理图。
- 能识别控制变压器的实物。
- 能正确选择、使用控制变压器。

任务描述

控制变压器的识别、读图和使用。

知识准备

一、控制变压器的基础知识

控制变压器主要适用于交流 50 Hz(或 60 Hz)、电压 1000 V 及以下电路中,在额定负载下可连续长期工作。通常用于机床、机械设备中作为电器的控制照明及指示灯电源。

变压器是利用电磁感应原理工作的。变压器有两组线圈:初级线圈和次级线圈。次级线圈在初级线圈外边。当初级线圈通上交流电时,变压器铁芯产生交变磁场,次级线圈就产生感应电动势。变压器的线圈匝数比等于电压比。控制变压器和普通变压器原理没有区别,只是用途不同,通常用作机床控制电器或局部照明灯及指示灯的电源之用。控制变压器

的实物和图形符号如图 2-8-1 所示,文字符号通常用 T 表示。

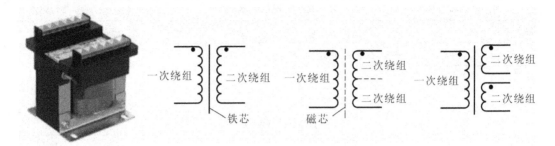

一次绕组　二次绕组　铁芯　一次绕组　二次绕组　磁芯　一次绕组　二次绕组

图 2-8-1　控制变压器的实物和图形符号

二、变压器的型号

变压器的型号通常由表示相数、冷却方式、调压方式、绕组线芯等材料的符号,以及变压器容量、额定电压、绕组连接方式组成。

变压器型号的标识和含义如图 2-8-2 所示。

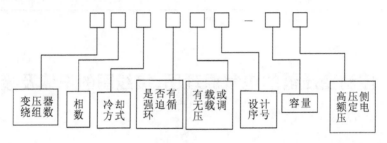

变压器绕组数　相数　冷却方式　是否有强迫循环　有载或无载调压　设计序号　容量　高压侧额定电压

图 2-8-2　变压器型号的标识和含义

变压器型号和符号含义如表 2-8-1 所示。

表 2-8-1　变压器型号和符号含义

型号中符号的排列顺序	含　义		代表符号
	内　容	类　别	
1(或末数)	线圈耦合方式	自耦降压(或自耦升压)	0
2	相数	单相	D
		三相	S
3	冷却方式	油浸自冷	J
		干式空气自冷	G
		干式浇注绝缘	C
		油浸风冷	F
		油浸水冷	S
		强迫油循环风冷	FP
		强迫油循环水冷	SP
4	线 圈 数	双线圈	—
		三线圈	S

型号中符号的排列顺序	含　义		代表符号
	内　容	类　别	
5	线圈导线材质	铜	—
		铝	L
6	调压方式	无励磁调压	—
		有载调压	Z

注:电力变压器后面的数字部分:斜线左边表示额定容量(千伏安);斜线右边表示一次侧额定电压(千伏)。

例如:SFPZ9-120000/110

其中:S 指的是三相(双绕组变压器省略绕组数,如果是三绕则前面还有个 S);

FP 表示双绕组强迫油循环风冷;

Z 表示有载调压,设计序号为 9,容量为 120000 kV・A,高压侧额定电压为 110 kV 的变压器。

三、交流控制变压器的使用和维护

1. 控制变压器使用条件

(1) 周围空气湿度-5 ℃至+40 ℃,24 小时的平均值不超过+35 ℃。

(2) 安装地点海拔不超过 2000 m。

(3) 大气相对湿度在周围空气湿度为+40 ℃时不超过 50%,在较低温度下可以有较高的相对湿度,最湿月的平均最大湿度为 90%,同时该月平均最低温度为+25 ℃,并考虑因温度变化发生在产品表面的凝露。

(4) 无剧烈震动和冲击振动的地方。

(5) 不受雨雪侵袭的地方。

(6) 电压波形近似正弦波。

2. 变压器的维修

在运行中对变压器进行监视和维修,是及早发现问题保证安全运行的重要工作,也是防止事故的发生和扩大的有效措施,检查内容如下。

(1) 变压器有无异常声音。

(2) 各引线接头有无松动及跳火情况。

(3) 断路器是否完好。

(4) 变压器的温升是否超过规定标准。

变压器在运行中的不正常状态以及原因如下。

(1) 变压器的嗡声很大,主要是铁芯硅钢片未夹紧所致。

(2) 在正常的负荷和冷却条件下,变压器过热、冒烟和局部发生弧光。原因包括铁芯穿过螺栓绝缘损坏、铁芯硅钢片间绝缘损坏、高低压绕组间短路、引出线混线及超负荷等。

(3) 变压器断路器脱扣,应先检查变压器本身有无短路等异常情况,再查找外部故障,待故障排除后,再投入运行。

知识巩固

(1) 说明下列型号所代表的意义。

SJL-1000/10   S7-315/10

(2) 简述变压器的工作原理。

任务实施

控制变压器读图和使用。

一、备齐工具

按需要,备齐相关工具,并做好准备工作。主要工具和设备包括调压器、BK50 变压器、螺丝刀、万用表、交流电流表、导线电缆若干。

二、变压器的识别

观察 BK50 变压器,根据变压器上的标识,识别变压器型号,记录相关参数。

三、变压器变压比测量

1. 认知

变压器的线圈的匝数比等于电压比。但是如果开始不知道匝数比就必须通过实验测量。实验线路图如图 2-8-3 所示。

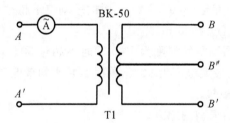

2-8-3   变压器变压比测量实验线路图

2. 测量变压器变压比

(1) 按图 2-8-3 接线。

(2) 把调压器交流输出端接至变压器的原边 AA',副边空载。

(3) 将调压器调至零位后接通电源,调节调压器,使其输出电压 $U_{AA'}$ 为 36 V。

(4) 测量副边的电压 $U_{BB'}$、$U_{B'B''}$。

(5) 计算变压器的变比 K_1、K_2,填入表 2-8-2。

表 2-8-2   变压器变压比测量数据

原边电压/V	副边的电压/V	变压比
$U_{AA'} =$	$U_{BB'} =$	$K_1 = U_{AA'} / U_{BB'}$
	$U_{B'B''} =$	$K_2 = U_{AA'} / U_{B'B''}$

3. 注意事项

注意人身安全,遵守安全实验操作规范,注意实验步骤。

四、整理

收拾仪器设备,将废弃物放置于专门回收处。

展示评估

任务八评估表

基本素养(20分)			
序号	评估内容	自评	互评	师评
1	纪律(无迟到、早退、旷课)(10分)			
2	参与度、团队协作能力、沟通交流能力(5分)			
3	安全规范操作(5分)			
理论知识(20分)			
序号	评估内容	自评	互评	师评
1	变压器基础知识(6分)			
2	变压器的原理(6分)			
3	变压器和电磁阀的使用(8分)			
技能操作(60分)			
序号	评估内容	自评	互评	师评
1	准备工作和整理工作(5分)			
2	变压器的观察(10分)			
3	变压器变压比测量原理图识读(10分)			
4	变压器变压比的测量和数据处理(25分)			
5	变压器的识别(10分)			
综合评价			

任务九 工业机器人常用电气安装与调试综合实验

知识目标

- 了解各元器件的功能。
- 了解各元器件的基本工作原理。
- 了解各元器件的选用和维护知识。

技能目标

- 能识读各元器件符号和原理图。
- 能识别各元器件的实物。
- 能正确选择、使用各元器件。
- 能够正确识图。

任务描述

电动机正反转控制电路及各元器件的识别、使用。

知识准备

电动机正反转工作原理。

一、适用场合

正反转控制技术常运用在要求运动部件能向正反两个方向运动的场合。如机床工作台电动机的前进与后退控制,万能铣床主轴的正反转控制,圈板机辊子的正反转,电梯、起重机的上升与下降控制等场合。

二、控制原理分析

1.控制功能分析

电动机要实现正反转控制:将其电源的相序中任意两相对调即可(简称换相),通常是 V 相不变,将 U 相与 W 相对调,为了保证两个接触器动作时能够可靠调换电动机的相序,接线时应使接触器的上口接线保持一致,在接触器的下口调相。由于将两相相序对调,故须确保 2 个 KM 线圈不能同时得电,否则会发生严重的相间短路故障,因此必须采取联锁。为安全起见,常采用按钮联锁(机械)和接触器联锁(电气)的双重联锁正反转控制方式,如图 2-9-1 所示;若使用了(机械)按钮联锁,即使同时按下正反转按钮,调相用的两个接触器也不可能同时得电,机械上避免了相间短路。另外,由于应用的(电气)接触器间的联锁,所以只要其中一个接触器得电,其长闭触点(串接在对方线圈的控制线路中)就不会闭合,这样在机械、电气双重联锁的应用下,电动机的供电系统不可能相间短路,有效地保护了电动机,同时也避免在调相时发生相间短路造成事故,烧坏接触器。

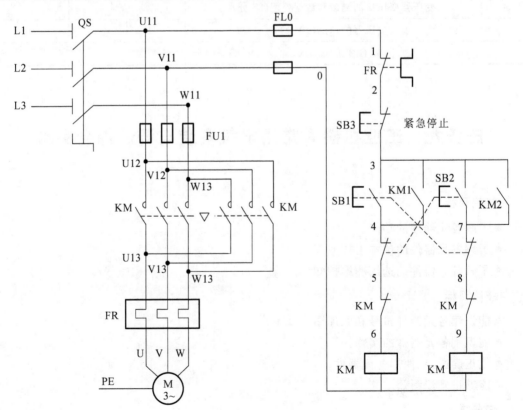

图 2-9-1　电动机正反转控制电路图

2.工作原理分析

① 正转控制(见图 2-9-2)。

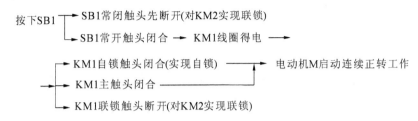

图 2-9-2 正转控制

② 反转控制(见图 2-9-3)。

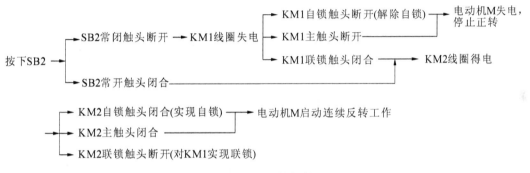

图 2-9-3 反转控制

③停止控制。

按下 SB3,整个控制电路失电,接触器各触头复位,电动机 M 失电停转。

知识巩固

简述电动机正反转控制电路的工作过程。

任务实施

电动机正反转控制电路的安装与调试。

一、备齐工具

按需要,备齐相关工具,并做好准备工作。主要工具和设备包括空气开关、接触器、热继电器、按钮、螺丝刀、万用表、导线电缆若干。

二、元器件识别

观察各元器件,根据元器件上的标识,识别各元器件型号,记录相关参数。

三、按电路图接线

四、工艺要求

1.元件安装工艺

安装牢固、排列整齐。

2.布线工艺

走线集中、减少架空和交叉,做到横平、竖直、转弯成直角。

3.接线工艺

(1) 每个接头最多只能接两根线。

（2）平压式接线柱要求作线耳连接，方向为顺时针。

（3）线头露铜部分小于 2 mm。

（4）电动机和按钮等金属外壳必须可靠接地。

五、注意事项

（1）各个元件的安装位置要适当，安装要牢固、排列要整齐。

（2）按钮使用规定：红色表示 SB3 停止控制；绿色表示 SB1 正转控制；黑色表示 SB2 反转控制。

（3）按钮、电动机等金属外壳都必须接地，采用黄绿双色线。

（4）主电路必须换相（即相不变，U 相与 W 相对换），才能实现正反转控制。

（5）接线时，不能将控制正反转的接触器自锁触头互换，否则只能点动。

（6）接线完毕，必须先自检，确认无误后，方可通电。

（7）通电时必须有电气工程师在现场监护，做到安全文明生产。

六、整理

收拾仪器设备，将废弃物放置于专门回收处。

展示评估

任务九评估表

基本素养（20 分）			
序号	评估内容	自评	互评	师评
1	纪律（无迟到、早退、旷课）（10 分）			
2	参与度、团队协作能力、沟通交流能力（5 分）			
3	安全规范操作（5 分）			
理论知识（20 分）			
序号	评估内容	自评	互评	师评
1	接触器基础知识（5 分）			
2	按钮的基础知识（5 分）			
3	继电器基础知识（5 分）			
4	空气开关基础知识（5 分）			
技能操作（60 分）			
序号	评估内容	自评	互评	师评
1	准备工作和整理工作（5 分）			
2	元器件的观察和识别（10 分）			
3	原理图识读（10 分）			
4	电动机正反转电路接线（20 分）			
5	电动机正反转电路调试（15 分）			
综合评价			

项目三 工业机器人驱动方式及保养

项目描述

本项目通过描述工业机器人常见的驱动方式、驱动电动机和驱动器的连接等技术内容,对工业机器人的驱动和动作过程有新的认识,在驱动器连接中掌握驱动器的装配和调试方法。

学习目标:本项目重点介绍工业机器人的常见驱动方式与电气连接方法。通过本项目的学习,掌握常见伺服驱动的控制系统结构原理及安装调试方法。

项目目标

- 能快速识别工业机器的动力源、驱动方式及基本工作原理。
- 能根据驱动器原理图连接电气线路。
- 能根据综合布线要求连接与调试。
- 能根据驱动器参数说明书调试配置参数。

任务一 工业机器人驱动方式的辨识

知识目标

- 了解工业机器人的驱动方式有哪些。
- 了解常见驱动方式的优势与劣势。
- 了解驱动器相关技术参数。

技能目标

- 能通过工业机器人的外形识别工业机器人的种类及其驱动类型。
- 能讲述各驱动方式的优点与缺点。

任务描述

通过现场参观或多媒体演示的方式,学习掌握工业机器人的驱动类型和工作方式,在实际观察中了解和掌握驱动方式的特点、优势与劣势,在线上观察各种方式的运行特征,并记录与分析。最后达到对驱动方式的辨识。

知识准备

工业机器人的驱动系统,按动力源分为液压、气动和电动三大类。根据需要,也可由这三种基本类型组合成复合式的驱动系统。这三类基本驱动系统各有自己的特点。

液压驱动系统:由于液压技术是一种比较成熟的技术。它具有动力大、力(或力矩)与惯量比大、快速响应高、易于实现直接驱动等特点,适用于承载能力大、惯量大的场合。但液压系统需进行能量转换(电能转换成液压能),速度控制在多数情况下采用节流调速,效率比电动驱动系统低。液压系统的液体泄漏会对环境产生污染,工作噪声也较高。因为这些弱点,近年来,在负荷较小的机器人中,液压驱动系统往往被电动系统所取代。

气动驱动系统:具有速度快、系统结构简单、维修方便、价格低等特点,适合在中、小负荷的机器人中采用。但因难以实现伺服控制,多用于程序控制的机械人中,如在上、下料和冲压机器人中应用较多。气动机器人采用压缩空气为动力源,一般从工厂的压缩空气站引到机器作业位置,也可单独建立小型气源系统。由于气动机器人具有气源使用方便、不污染环境、动作灵活迅速、工作安全可靠、操作维修简便,以及适合在恶劣环境下工作等特点,因此它常在冲压加工、注塑及压铸等有毒或高温条件下作业,也在机床上下料,仪表及轻工行业中、小型零件的输送和自动装配,食品包装及输送,电子产品输送,自动插接,弹药生产自动化等方面获得广泛应用。在多数情况下,气动驱动系统适用于实现两位式或有限点位控制的中、小机器人的制造。

电动驱动系统:由于低惯量,大转矩交、直流伺服电动机及其配套的伺服驱动器(交流变频器、直流脉冲宽度调制器)的广泛采用,这类驱动系统在机器人中被大量选用。电动驱动系统不需要能量转换,使用方便,控制灵活。大多数电动机后面需安装精密的传动机构。直流有刷电动机不能直接用于要求防爆的环境中,成本也较上两种驱动系统的高。但因这类驱动系统的优点比较突出,因此在机器人中被广泛选用。

一、液压驱动相关

液压泵使工作油产生压力能并将其转变成机械能的装置称为液压执行器,其原理图如图 3-1-1 所示。驱动液压执行器的外围设备包括:

(1)形成液压的液压泵;

(2)供给工作油的导管;

(3)控制工作油流动的液压控制阀;

(4)控制控制阀的控制回路。

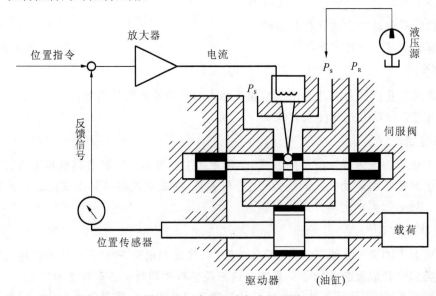

图 3-1-1 液压驱动方式原理图

根据液压执行器输出量的形式的不同,可以把它们区分为做直线运动的液压缸和做旋转运动的液压马达。

液压驱动优缺点的情况如下所述。

优点:液压系统的功率重量比高,低速时出力大,无论直线驱动还是旋转驱动都适合,并且液压系统适用于微处理器及电子控制,可用于极端恶劣的外部环境。

缺点:由于液压系统中存在不可避免的泄漏、噪声和低速不稳定等问题,以及功率单元非常笨重和昂贵,目前已不多使用。

工业机器人的应用情况:现在大部分机器人是电动的,当然仍有许多工业机器人带有液压驱动器。此外,对于一些需要巨大型机器人和民用服务机器人的特殊应用场合,液压驱动器仍是合适的选择。

二、气压驱动相关

气压驱动器在原理上与液压驱动器相同,由于气动装置的工作压强低,和液压系统相比,功率重量比小得多。由于空气的可压缩性,在负载作用下会压缩和变形,控制气缸的精确位置很难。因此气动装置通常仅用于插入操作或小自由度关节上;结构简单,安全可靠,价格便宜。

液压驱动和气压驱动在工业机器人领域中的适用条件,如表 3-1-1 所示。

表 3-1-1　液压与气压驱动方式比较

液压驱动方式	气压驱动方式
适用于搬运较重的物体	适用于搬运较轻的物体
不适于高速移动	适于高速移动
适于确定高精度位置	不适于确定高精度位置

三、电控驱动相关

电气控制系统的驱动方式在时间上经历了两个发展阶段,第一个阶段使用的是直流电动机驱动,第二个阶段使用的是交流电动机驱动。

1. 直流驱动

(1) 直流电动机工作原理。

直流电动机通过换向器将直流转换成电枢绕组中的交流,从而使电枢产生一个恒定方向的电磁转矩。直流电动机工作原理图如图 3-1-2 所示。

(2) 直流电动机的控制方式。

直流电动机是通过改变电压或电流控制转速和转矩的。脉冲宽度调制 PWM 是直流调速中最为常用的方式。它是利用脉宽调制器对大功率晶体管开关放大器的开关时间进行控制,将直流电压转换成某一频率的矩形波电压,加到直流电动机的电枢两端,通过对矩形波脉冲宽度的控制,改变电枢两端的平均电压,达到调节电动机转速的目的。

从 PWM 波形图(见图 3-1-3)上可以看出,当脉冲的频宽发生变化时会使得直流电动机的通电时间受到控制,从而对速度实现了控制。

(3) 直流电动机的特点。

优点:调速方便(可无级调速),调速范围宽,低速性能好(启动转矩大,启动电流小),运

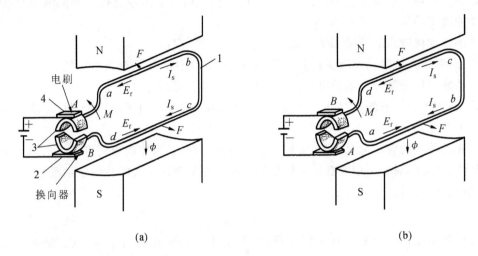

图 3-1-2　直流电动机工作原理图

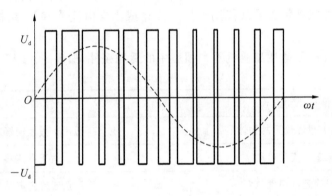

图 3-1-3　PWM 波形图

行平稳,转矩和转速容易控制。

缺点:换相器需经常维护,电刷极易磨损,必须经常更换,噪声比交流电动机大。

2.交流驱动

目前较常用的交流电动机有两种:三相异步电动机、单相交流电动机。第一种多用在工业电器上,而第二种多用在民用电器上。

(1)交流电动机工作原理。

三相异步电动机要旋转起来的先决条件是具有一个旋转磁场,三相异步电动机的定子绕组就是用来产生旋转磁场的。我们知道,相与相之间的电压在相位上相差 120°,三相异步电动机定子中的三个绕组在空间方位上也互差 120°,这样,当在定子绕组中通入三相电源时,定子绕组就会产生一个旋转磁场,其产生的过程如图 3-1-4 所示。图中分四个时刻来描述旋转磁场的产生过程。电流每变化一个周期,旋转磁场在空间旋转一周,即旋转磁场的旋转速度与电流的变化是同步的。

(2)交流电动机的控制方式。

旋转磁场的转速为

$$n = 60\frac{f}{P}$$

式中:　f——电源频率;

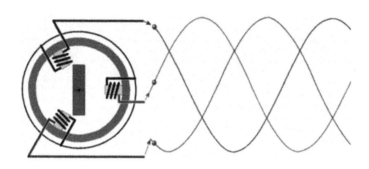

图 3-1-4 三相交流电动机的工作原理

P——磁场的磁极对数;

n——单位为 r/min。

根据此式我们知道,电动机的转速与磁极数和使用电源的频率有关,为此,控制交流电动机的转速有两种方法:① 改变磁极法;② 变频法。以往多用第一种方法,现在则可利用变频技术来实现对交流电动机的无级变速控制。

(3)交流电动机的特点。

特点:无电刷和换向器,无产生火花的危险;比直流电动机的驱动电路复杂、价格高。

同步电动机的特点:体积小。用途:要求响应速度快的中等速度以下的工业机器人,以及机床领域。

异步电动机的特点:转子惯量很小,响应速度很快。用途:中等功率以上的伺服系统。

四、开环和闭环两种电控方式

在电控驱动方式中除不同的电动机驱动以外,控制系统还有开环和闭环两种系统控制方式。这两种控制方式的名称是步进驱动和伺服驱动。

步进电动机驱动系统主要用于开环位置控制系统。优点:控制较容易,维修也较方便,而且控制为全数字化。缺点:由于开环控制,所以精度不高。

伺服驱动的确是当下使用范围最广的一种驱动方式,它拥有以下控制优势:① 实现了位置、速度和力矩的闭环控制;克服了步进电动机失步的问题;② 高速性能好,一般额定转速能达到 2000~3000 r/min;③ 抗过载能力强,能承受三倍于额定转矩的负载,特别适用于有瞬间负载波动和要求快速启动的场合;④ 低速运行平稳,低速运行时不会产生类似于步进电动机的步进运行现象。适用于有高速响应要求的场合;⑤ 电动机加减速的动态响应时间短,一般在几十毫秒之内;⑥ 发热和噪声明显降低。

任务实施

现场观察工业机器人的外形结构,通过机器人关节的驱动样式确认工业机器人的驱动类型。

步骤一:集合、点名、交代安全事故相关事项。

步骤二:记录机器人名称。

步骤三:记录机器人工位内容,描述工作过程。

步骤四:画出机器人关节样式,分析驱动类型。

步骤五:完成观察报告。

展示评估

任务一评估表

基本素养(20分)				
序号	评估内容	自评	互评	师评
1	纪律(无迟到、早退、旷课)(10分)			
2	参与度、团队协作能力、沟通交流能力(15分)			
3	安全规范操作(15分)			
理论知识(20分)				
序号	评估内容	自评	互评	师评
1	驱动类型的识别(10分)			
2	各驱动方式的特点(15分)			
3	分析各方式在所处环境中的优劣(15分)			
技能操作(60分)				
序号	评估内容	自评	互评	师评
1	准备工作和整理工作(5分)			
2	观察报告(15分)			
综合评价				

任务二　其他常见电动机及伺服驱动器的安装、连接与调试

知识目标

- 了解 FANUC 系列伺服驱动器的安装连接与调试。
- 了解广州数控(简称广数)DA98 系列伺服驱动的安装连接与调试。

技能目标

- 能识读 FANUC 伺服系统连接原理图。
- 能识读广数 DA98 伺服系统连接原理图。
- 能正确使用驱动器并调试。

任务描述

本任务对其他常见工业机器人的伺服驱动进行描述,了解并掌握以 FANUC、广数为代表的伺服驱动器的安装连接和调试情况。通过这两种常见驱动系统的学习,达到对此类厂商工业机器人的维修与应用。

知识准备

伺服机构相当于人的手、足部分,它的任务就是根据系统控制装置的指令,驱动机械本体的执行部件运动。也就是说,系统控制装置指令执行机构移动的距离(位置)和速度。伺服机构的功能就是按照系统装置指令的机械位置和速度进行正确地控制。伺服机构发展到现在,已经发生了很多变化。对于初期的伺服机构,稳定地动作是最大的课题。忠实地按指

令运动,需要伺服机构具有快速的反应性,以便很好地跟随急剧变化的指令。另外,用于工业机器人控制时,为了能得到良好的轨迹,要求无振动地稳定运动,即稳定性要好。最初的伺服机构是采用电液步进电动机,后来由于维修不方便,采用了 DC 伺服电动机。又进一步发展为不使用电刷的 AC 伺服电动机。位置和速度的控制回路也从模拟接口变成现代控制理论可以实现的数值控制。现在,为了用高速加工出高精度零件,应用了前馈功能、高精度轮廓控制功能和 HRV 控制等功能,进行高速、高精度运行。

一、FANUC 伺服系统

FANUC 伺服系统(见图 3-2-1)发展至今已拥有高速、高精度、高效率的纳米级控制伺服,其在售的伺服系统中以 αi 系列和 βi 系列为主。αi 系列伺服系统应用于中高端系统中,与最适宜的放大器组合可实现高速、高加速,有助于缩短定位时间。同时 αi 系列伺服可选择 3200 万分辨率、400 万分辨率编码器实现超高精度定位。通过改善磁极形状和使用最新控制技术最大限度地抑制齿槽转矩,提高旋转的平滑性。最大扭矩可达 3000 N·m,最大功率可达 220 kW。最适用于大型机床、大功率工业机器人等工业机械。βi 系列伺服系统应用于中低端工业系统,采用分辨率为 100 万的编码器可实现进给轴的高精度定位。两个系列的伺服均采用了 HRV控制,通过将旋转极其平滑的伺服电动机、高精度的电流检测、响应快且分辨率高的脉冲编码器等硬件与最新的伺服 HRV＋控制有机地融合在一起,实现纳米级的高速高精度加工。此外,使用共振跟踪型的 HRV 滤波器,在共振频率变动时也可避免机械共振。

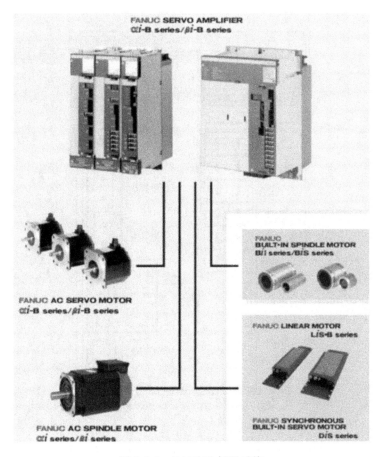

图 3-2-1　FANUC 伺服系统

1.伺服驱动接口

FANUC 伺服在接口的定义方面是采用统一标准说明的,现通过 βi 系列伺服放大器的外形结构和接口(见图 3-2-2、图 3-2-3)来对接口进行说明。

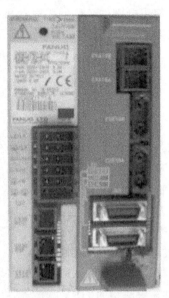

图 3-2-2　βi 系列伺服放大器外形结构图

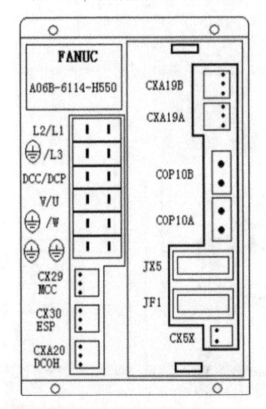

图 3-2-3　βi 系列伺服接口框图

L1、L2、L3:主电源输入端接口,三相交流电源 200 V,50/60 Hz。

U、V、W:伺服电动机的动力线接口。

DCC/DCP：外接 DC 制动电阻接口。

CX29：主电源 MCC 控制信号接口。

CX30：急停信号（*ESP）接口。

CXA20：DC 制动电阻过热信号接口。

CXA19A：DC24V 控制电路电源输入接口。连接外部 24 V 稳压电源。

CXA19B：DC24V 控制电路电源输出接口。连接下一个伺服单元的 CX19A。

COP10A：伺服高速串行总线（HSSB）接口。与下一个伺服单元的 COP10B 连接（光缆）。

COP10B：伺服高速串行总线（HSSB）接口。与 CNC 系统的 COP10A 连接（光缆）。

JX5：伺服检测板信号接口。

JF1：伺服电动机内装编码器信号接口。

CX5X：伺服电动机编码器为绝对编码器的。

2.伺服系统安装连接

FANUC 伺服的连接从外形上可区分出 αi 系列和 βi 系列，αi 系列属于分体式驱动放大器，每个部分都需连接在一起，如图 3-2-4 所示；而 βi 系列属于一体机，连接上有些明显的差别，如图 3-2-5 所示。

图 3-2-4　αi 系列伺服系统的连接

3.FANUC 伺服调试

伺服在调整参数时需要考虑的问题和条件有很多：

（1）控制系统单元的类型及相应的软件（功能），例如，判断系统是 FANUC—0C/0D 系统还是 FANUC—16/18/21/0i 系统。

（2）伺服电动机的类型及规格，例如，进给伺服电动机是 αi 系列还是 βi 系列。

（3）电动机内装的脉冲编码器类型，例如，编码器是增量编码器还是绝对编码器。

（4）系统是否使用了分离型位置检测装置，例如，是否采用独立型旋转编码器或光栅尺作为伺服系统的位置检测装置。

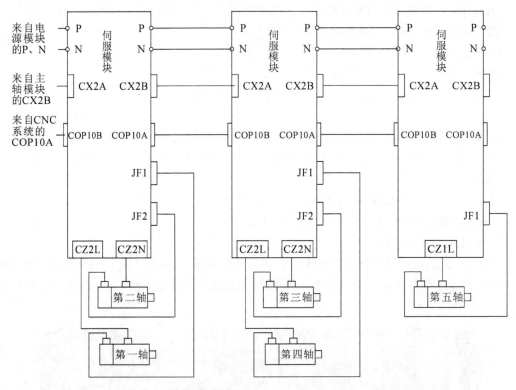

图 3-2-5　五轴工业机器人伺服连接图

（5）确定电动机-减速机的传动比。

（6）运动控制中的检测单位（例如 0.001 mm）。

（7）控制系统的指令单位（例如 0.001 mm）。

二、广数伺服系统

DA98 交流伺服系统是国产第一代全数字交流伺服系统，采用国际最新数字信号处理（DSP）、大规模可编程门阵列（CPLD）和三菱智能化功率模块（IPM），集成度高、体积小、保护完善、可靠性好、采用 PID 算法完成 PWM 控制，性能已达到国外同类产品的水平。与同类国产系统相比，该伺服系统具有以下优点。

（1）避免失步现象。

伺服电动机自带编码器，位置信号反馈至伺服驱动器，与开环位置控制器一起构成半闭环控制系统。

（2）宽速比、恒转矩。

调速比为 1∶5000，从低速到高速都具有稳定的转矩特性。

（3）高速度、高精度。

伺服电动机最高转速可达 3000 r/min，回转定位精度为 1/10000 r。

（4）控制简单、灵活。

通过修改参数可对伺服系统的工作方式、运行特性作出适当的设置，以适应不同的要求。

1. 伺服驱动接口

DA98 伺服系统外形结构（见图 3-2-6）简洁明了，单轴电动机伺服驱动结构，分体设计可灵活增加或删除,在电气柜中排放简洁有序,便于装配与维修。

图 3-2-6　DA98 伺服系统外形结构

在线路连接方面,该系统对接口的说明非常清晰。

伺服驱动器接口端子配置图如图 3-2-7 所示。其中:TB 为端子排;CN1 为 DB25 接插件,插座为针式,插头为孔式;CN2 也为 DB25 接插件,插座为孔式,插头为针式。

TB		CN1		CN2	
R		1	SRDY	13	MHP
S		14	COIN/SCMP	25	NC
T		2	CZ	12	A-
E		15	ALM	24	A+
U		3	DG	11	B-
V		16	DG	23	B+
W		4	DG	10	Z-
P		17	DG	22	Z+
D		5	CZCOM	9	U-
r		18	PULS+	21	U+
t		6	PULS-	8	V-
		19	SIGN+	20	V+
		7	SIGN-	7	W-
		20	COM+	19	W+
		8	COM+	6	+5V
		21	SON	18	+5V
		9	ALRS	5	+5V
		22	FSTP	17	+5V
		10	RSTP	4	0V
		23	CLE/SC1	16	0V
		11	INH/SC2	3	0V
		24	FG	15	FG
		12	FIL	2	0V
		25	FG	14	FG
		13	RIL	1	0V

DB25　　　　　　　　　　DB25

图 3-2-7　伺服驱动器接口端子配置图

其电源端子说明如表 3-2-1 所示。

表 3-2-1　电源端子说明

端子记号	信号名称	功　　能
R	主回路电源 单相或三相	主回路电源输入端子～220 V,50 Hz 注意:不要同电动机输出端子 U、V、W 连接
S		
T		
PE	系统接地	接地端子 接地电阻＜100 Ω 伺服电动机输出和电源输入公共一点接地
U	伺服电动机输出	伺服电动机输出端子 必须与电动机 U、V、W 端子对应连接
V		
W		
P	备用	—
D	备用	—
r、t	控制电源 单相	控制回路电源输入端子 ～220V,50 Hz

控制信号输入/输出端子 CN1 说明如表 3-2-2 所示。

表 3-2-2　控制信号输入/输出端子 CN1

端子号	信号名称	记号	I/O	方式	功　　能
CN1-8 CN1-20	输入端子的 电源正极	COM+		Type1	输入端子的电源正极 用来驱动输入端子的光电耦合器 DC12～24V,电流≥1000 mA
CN1-21	伺服使能	SON		Type1	伺服使能输入端子 SON ON:允许驱动器工作 SON OFF:驱动器关闭,停止工作,电动机处于自由状态 注 1:当从 SON OFF 换到 SON ON 前,电动机必须是静止的; 注 2:换到 SON ON 后,至少等待 50 ms 再输入命令
CN1-9	报警清除	ALRS		Type1	报警清除输入端子 ALRS ON:清除系统报警 ALRS OFF:保持系统报警 注 1:对于故障代码大于 8 的报警,无法用此方法清除,需要断电检修,然后再次通电
CN-22	CCW 驱动禁止	FSTP		Type1	CCW(逆时针方向)驱动禁止输入端子 FSTP ON:CCW 驱动允许 注 1:用于机械超限,当开关 OFF 时,CCW 方向转矩保持为 0; 注 2:可以通过参数 No.20 设置屏蔽此功能,或永远使开关 ON

端子号	信号名称	记号	I/O	方式	功　　能
CN-10	CW 驱动禁止	RSTP	Type1		CW(顺时针方向)驱动禁止输入端子 RSTP ON:CW 驱动允许 RSTP OFF:CW 驱动禁止 注 1:用于机械超限,当开关 OFF 时,CW 方向转矩保持为 0; 注 2:可以通过参数 No.20 设置屏蔽此功能,或永远使开关 ON
CN1-23	偏差计数器清零	CLE	Type1	P	位置偏差计数器清零输入端子 CLE ON:位置控制时,位置偏差计数器清零
	速度选择 1	SC1	Type1	S	速度选择 1 输入端子 在速度控制方式下,SC1 和 SC2 的组合用来选择不同的内部速度 SC1 OFF,SC2 OFF:内部速度 1 SC1 ON,SC2 OFF:内部速度 2 SC1 OFF,SC2 ON:内部速度 3 SC1 ON,SC2 ON:内部速度 4
CN1-11	指令脉冲禁止	INH	Type1	P	位置指令脉冲禁止输入端子 INH ON:指令脉冲输入禁止 INH OFF:指令脉冲输入有效
	速度选择 2	SC2	Type1	S	速度选择 2 输入端子 在速度控制方式下,SC1 和 SC2 的组合用来选择不同的内部速度 SC1 OFF,SC2 OFF:内部速度 1 SC1 ON,SC2 OFF:内部速度 2 SC1 OFF,SC2 ON:内部速度 3 SC1 ON,SC2 ON:内部速度 4
CN1-12	CCW 转矩限制	FIL	Type1		CCW(逆时针方向)转矩限制输入端子 FIL ON:CCW 转矩限制在参数 No.36 范围内 FIL OFF:CCW 转矩限制不受参数 No.36 限制 注 1:不管 FIL 有效还是无效,CCW 转矩还受参数 No.34 限制,一般参数 No.34>参数 No.36
CN1-13	CW 转矩限制	RIL	Type1		CW(顺时针方向)转矩限制输入端子 RIL ON:CW 转矩限制在参数 No.37 范围内 RIL OFF:CW 转矩限制不受参数 No.37 限制 注 1:不管 RIL 有效还是无效,CW 转矩还受参数 No.35 限制,一般参数 No.35>参数 No.37

端子号	信号名称	记号	I/O	方式	功　能
CN1-1	伺服准备好输出	SRDY	Type2		伺服准备好输出端子 SRDY ON:控制电源和主电源正常,驱动器没有报警,伺服准备好输出 ON SRDY OFF:主电源未合或驱动器有报警,伺服准备好输出 OFF
CN1-15	伺服报警输出	ALM	Type2		伺服报警输出端子 ALM ON:伺服驱动器无报警,伺服报警输出 ON。 ALM OFF:伺服驱动器有报警,伺服报警输出 OFF
CN1-14	定位完成输出	COIN	Type2	P	定位完成输出端子 COIN ON:当位置偏差计数器数值在设定的定位范围时,定位完成输出 ON
	速度到达输出	SCMP	Type2	S	速度到达输出端子 SCMP ON:当速度到达或超过设定的速度时,速度到达输出 ON
CN1-3 CN1-4 CN1-16 CN1-17	输出端子的公共端	DG			控制信号输出端子(除 CZ 外)的地线公共端
CN1-2	编码器 Z 相输出	CZ	Type2		编码 Z 相输出端子 伺服电动机的光电编码 Z 相脉冲输出 CZ ON:Z 相信号出现
CN1-5	编码器 Z 相输出的公共端	CACOM			编码 Z 相输出端子的公共端
CN1-18	指令脉冲 PLUS 输入	PULS+	Type3	P	外部指令脉冲输入端子 注 1:由参数 XX 设定脉冲输入方式 ① 指令脉冲+符号方式; ② CCW/CW 指令脉冲方式; ③ 2 相指令脉冲方式
CN1-6		PULS−			
CN1-19	指令脉冲 SIGN 输入	SIGN+	Type3	P	
CN1-7		SIGN−			
CN1-24 CN1-25	屏蔽地线	FG			屏蔽地线端子

　　编码器反馈接口 CN2 说明如表 3-2-3 所示。

表 3-2-3　编码器反馈接口 CN2

端子号	信号名称	功　能		
		记号	I/D	
CN2-5 CN2-6 CN2-17 CN2-18	电源输出＋	＋5 V		伺服电动机光电编码＋5 V 电源： 电缆长度较长时,应使用多根芯线并联
CN2-1 CN2-2 CN2-3 CN2-4 CN2-16	电源输出－	0 V		
CN2-24	编码器 A＋输入	A＋	Type4	与伺服电动机光电编码 A＋相连接
CN2-12	编码器 A－输入	A－		与伺服电动机光电编码 A－相连接
CN2-23	编码器 B＋输入	B＋	Type4	与伺服电动机光电编码 B＋相连接
CN2-11	编码器 B－输入	B－		与伺服电动机光电编码 B－相连接
CN2-22	编码器 Z＋输入	Z＋	Type4	与伺服电动机光电编码 Z＋相连接
CN2-10	编码器 Z－输入	Z－		与伺服电动机光电编码 Z－相连接
CN2-21	编码器 U＋输入	U＋	Type4	与伺服电动机光电编码 U＋相连接
CN2-9	编码器 U－输入	U－		与伺服电动机光电编码 U－相连接
CN2-20	编码器 V＋输入	V＋	Type4	与伺服电动机光电编码 V＋相连接
CN2-8	编码器 V－输入	V－		与伺服电动机光电编码 V－相连接

2.伺服系统安装连接

（1）电源端子 TB。

线径：R、S、T、PE、U、V、W 端子线径≥1.5（AWG14-16），R、T 端子线径≥1.0（AWG16-18）。

接地：接地线应尽可能粗一点,驱动器与伺服电动机在 PE 端子一点接地,接地电阻＜100 Ω。

端子连接采用 JUT-1.5—4 预绝缘冷压端子,务必连接牢固。

建议由三相隔离变压器供电,减少电击伤人的可能性。

建议电源经噪声滤波器提供电力,提高抗干扰能力。

请安装非熔断型(NFB)断路器,使驱动器在发生故障时能及时切断外部电源。

（2）控制信号 CN1、反馈信号 CN2。

线径：采用屏蔽电缆（最好选用绞合屏蔽电缆）,线径≥0.12（AWG24-26）,屏蔽层须接 FG 端子。

线长：电缆长度尽可能短,控制 CN1 电缆不超过 3 m,反馈信号 CN2 电缆长度不超过20 m。

布线:远离动力线路布线,防止干扰串入。

请给相关线路中的感性元件(线圈)安装浪涌吸收元件:直流线圈反向并联续流二极管,交流线圈并联阻容吸收回路。图 3-2-8 所示为 DA98 伺服系统连接图。

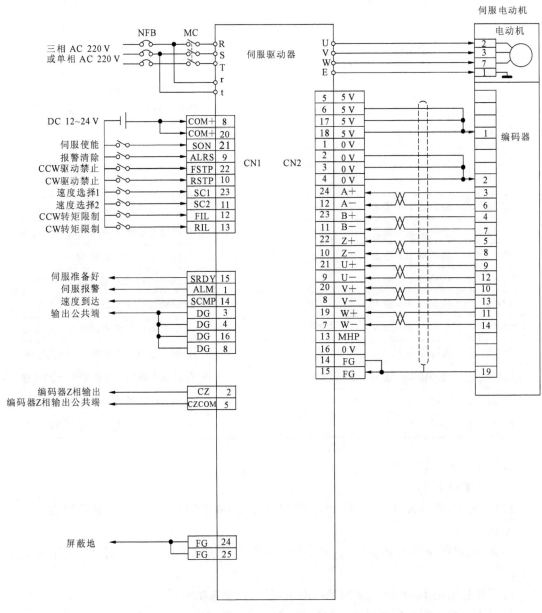

图 3-2-8 DA98 伺服系统连接图

任务实施

准备 FANUC 伺服驱动器和电动机,介绍各接口所在位置,讲述各连线的样式和使用位置,动手实施连接。

一、备齐器件

按需要,备齐相关器件,并做好准备工作。主要器件包括驱动器、电动机、导线。

二、驱动器各模块的识别

根据说明书和模块名称识别模块类型,确定其摆放位置。

三、系统的连接

驱动器电缆一般多为厂家提供,有着各种不同的接口外形,区分各电缆的连接位置并安装连接原理图实施连接。

四、系统的调试

根据伺服调整说明书对应当前设置的实际应用情况来设置并调整伺服参数,使其达到应用目标。

展示评估

任务二评估表

基本素养(20分)

序号	评估内容	自评	互评	师评
1	纪律(无迟到、早退、旷课)(10分)			
2	参与度、团队协作能力、沟通交流能力(5分)			
3	安全规范操作(5分)			

理论知识(20分)

序号	评估内容	自评	互评	师评
1	FANUC伺服系统的基础知识(6分)			
2	FANUC伺服系统的连接和安装规范(6分)			
3	广数伺服系统的基础知识(8分)			

技能操作(60分)

序号	评估内容	自评	互评	师评
1	准备工作和整理工作(5分)			
2	伺服模块识别(10分)			
3	伺服模块拆装(15分)			
4	伺服模块的连接(15分)			
5	伺服系统的参数调整(15分)			
	综合评价			

任务三　工业机器人电气控制柜的布置原则与安装实验

知识目标

● 了解电气柜布局规范和装配要求。

- 掌握电气柜的线路排放方法,连接方法。
- 掌握工业机器人电气柜的综合布线原则。

技能目标

- 理解电气线路的工作原理。
- 掌握电气控制线路的安装与调试。
- 掌握根据工艺要求布置电气控制线路。
- 掌握查阅图书资料、产品手册和工具书的能力。
- 掌握华数机器人电控教学拆装平台的布线与安装。

任务描述

工业机器人电气控制柜布置与安装的主要目的是:通过电气控制系统的布局实践,掌握电气控制系统的划分方法、电气元件和电气控制线路的安装过程、设计资料整理和电气绘图识别及使用方法。在此过程中培养从事维修工作的整体观念,通过较为完整的工程实践基本训练,为综合素质全面提高及增强工作适应能力打下坚实的基础。

知识准备

一、电气控制柜元件安装布局规范

(1)确保传动柜中的所有设备接地良好,使用短和粗的接地线将设备连接到公共接地点或接地母排上。连接到变频器的任何控制设备(比如一台 PLC)都要与其共地,同样也要使用短和粗的导线接地(见图 3-3-1)。

图 3-3-1 接地要求

在图 3-3-2 中可以看到接地线多为搭铁连接,连接线多为黄绿相间的导线。

(2)当连接器件为电柜低压单元(比如继电器、接触器)时,使用熔断器加以保护。当对主电源电网的情况不了解时,建议最好加进线电抗器。

(3)确保传导柜中的接触器有灭弧功能,交流接触器采用 RC 抑制器,直流接触器采用"飞轮"二极管,装入绕组中。压敏电阻抑制器也是很有效的。图 3-3-3 所示为接入了二极管的接触器。

图 3-3-2　接地的样式

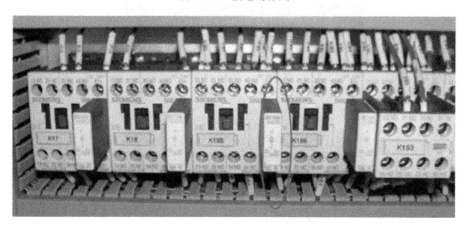

图 3-3-3　接入了二极管的接触器

（4）如果设备运行在一个对噪声敏感的环境中，可以采用 EMC 滤波器（见图 3-3-4）减小辐射干扰。同时为达到最佳的效果，确保滤波器与安装板之间应有良好的接触。

（5）信号线最好只从一侧进入电柜，信号电缆的屏蔽层双端接地。如果非必要，避免使用长电缆。控制电缆最好使用屏蔽电缆。模拟信号的传输线应使用双屏蔽的双绞线。低压数字信号线最好使用双屏蔽的双绞线，也可以使用单屏蔽的双绞线。模拟信号和数字信号的传输电缆应该分别屏蔽和走线。不要将 24VDC 和 110/230VAC 信号共用同一条电缆槽。在屏蔽电缆进入电柜的位置，其外部屏蔽部分与电柜嵌板都要接到一个大的金属台面上。

（6）电动机动力电缆应独立于其他电缆走线，其最小距离为 500 mm。同时应避免电动机电缆与其他电缆长距离平行走线。如果控制电缆和电源电缆交叉，应尽可能使它们按 90°交叉。同时必须用合适的夹子将电动机电缆和控制电缆的屏蔽层固定到安装板上。

图 3-3-4　EMC 滤波器

（7）为有效地抑制电磁波的辐射和传导，变频器的电动机电缆必须采用屏蔽电缆，屏蔽层的电导必须至少为每相导线芯的电导的 1/10。

（8）中央接地排组和 PE 导电排必须接到横梁上（金属到金属连接），它们必须在电缆压盖处正对的附近位置（见图 3-3-5）。中央接地排还要通过另外的电缆与保护电路（接地电极）连接。屏蔽总线用于确保各个电缆的屏蔽连接可靠，它通过一个横梁实现大面积的金属到金属连接。

图 3-3-5　线缆的捆扎与接地的排布

（9）不能将装有显示器的操作面板安装在靠近电缆和带有线圈的设备旁边，例如电源电缆、接触器、继电器、螺线管阀、变压器等，因为它们可以产生很强的磁场。

（10）功率部件（变压器、驱动部件、负载功率电源等）与控制部件（继电器控制部分、可编程控制器）必须分开安装，但是并不适用于功率部件与控制部件设计为一体的产品。变频器和相关的滤波器的金属外壳，都应该用低电阻与电柜连接，以减少高频瞬间电流的冲击。理想的情况是将模块安装到一个导电良好，黑色的金属板上，并将金属板安装到一个大的金属台面上。喷过漆的电柜面板、DIN 导轨或其他只有小的支撑表面的设备都不能满足这一要求。

（11）设计控制柜时要注意 EMC 的区域原则，把不同的设备规划在不同的区域中。每个区域对噪声的发射和抗扰度有不同的要求。区域在空间上最好用金属壳或在柜体内用接地隔板隔离。并且考虑发热量，进风风扇与出风风扇的安装，一般发热量大的设备安装在靠近出风口处，进风风扇安装在下部，出风风扇安装在柜体的上部。

（12）根据电柜内设备的防护等级，需要考虑电柜防尘及防潮功能，一般使用的设备主要为：空调、风扇、热交换器、抗冷凝加热器。同时根据柜体的大小选择不同功率的设备。关于风扇的选择，主要应考虑柜内正常的工作温度，柜外最高的环境温度，求得温差和风扇的换气速率，估算出柜内的空气容量。已知三个数据：温差、换气速率、空气容量后，求得柜内空气更换一次的时间，然后通过温差计算实际需要的换气速率，从而选择实际需要的风扇。因为夜间温度一般会下降，故会产生冷凝水依附在柜内电路板上，所以需要选择相应的抗冷凝加热器以保持柜内温度。

电气柜和控制柜的布局可参见图 3-3-6～图 3-3-9。

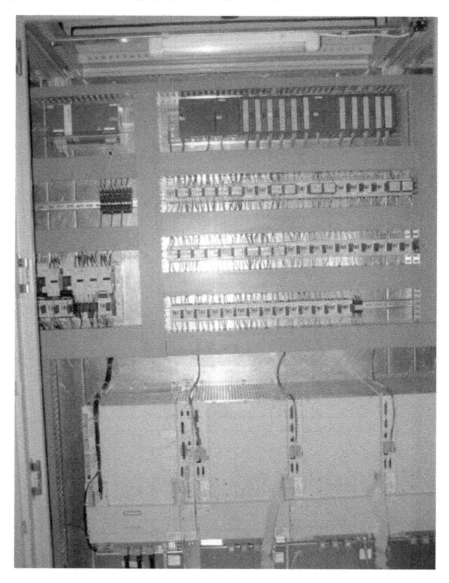

图 3-3-6　电气柜的总体布局样式

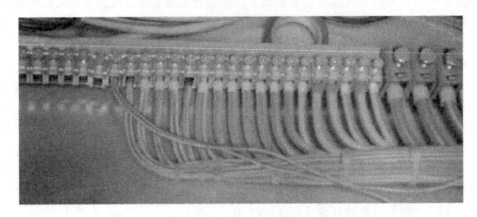

图 3-3-7　接地母排的样式

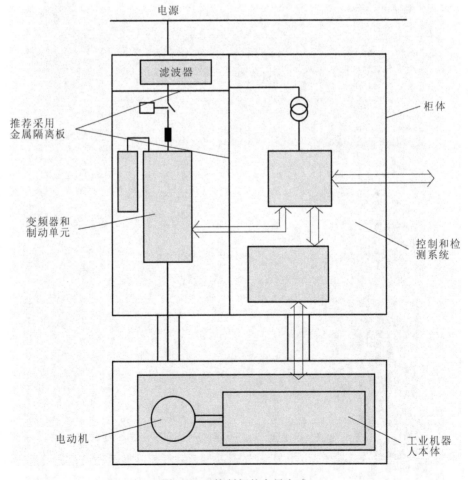

图 3-3-8　控制柜的布局方式

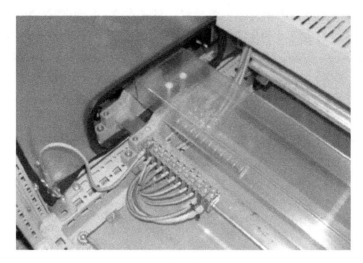

图 3-3-9　各连接处的细节

二、华数机器人电控教学拆装平台布线与安装

1. 一次回路接线

把 RVV4×4 多芯线接到断路器进线端,电源线线号分为 380L1、380L2、380L3;断路器出线接到隔离变压器原边侧,线号分为 380L11、380L21、380L31;隔离变压器出线接到 32 A 的保险底座,线号分别为 220L1、220L2、220L3。接线原理图如图 3-3-10 所示。

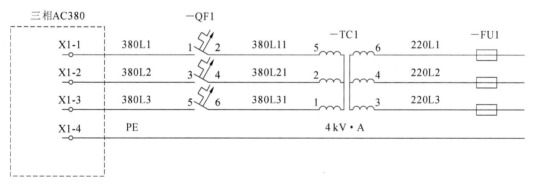

图 3-3-10　接线原理图(一)

保险管底座的出线线号分别为 220L11、220L21、220L31,出线接到接触器的 1、3、5 主触点,接触器 2、4、6 主触点的出线接到端子片 X2-1、X2-5、X2-9 端子接线排上,线号为 220L13、220L23、220L33,此三相 220 V 电主要为驱动器供电。接线原理图如图 3-3-11 所示。

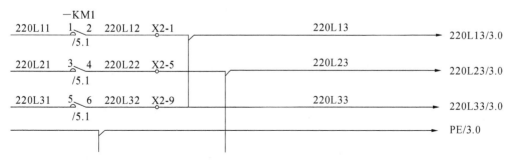

图 3-3-11　接线原理图(二)

HSV-160U-020 总线伺服驱动器电源接线。端子排 X2-1 到 X2-4 为 220L13,从中任选三个接线排接到 6 个伺服驱动的电源 L1 端,J1、J2、J3、J4、J5、J6 轴驱动器的 L1 端的线标为 R1、R2、R3、R4、R5、R6。端子排 X2-5 到 X2-8 为 220L23,从中任选三个接线排接到 6 个伺服驱动的电源 L2 端,J1、J2、J3、J4、J5、J6 驱动器的 L2 端的线标为 S1、S2、S3、S4、S5、S6。端子排 X2-9 到 X2-12 为 220L33,从中任选三个接线排接到 6 个伺服驱动的电源 T 端,J1、J2、J3、J4、J5、J6 驱动器的 L3 端的线标为 T1、T2、T3、T4、T5、T6。

开关电源的接线。从保险管底座的 220L11 和 220L21 侧分别做一根跳线接到开关电源 L、N 端子处,线号为 220L11、220L21。开关电源 24V－直接接到端子排 X3-11,线号为 N24,开关电源 24V＋接到电源旋转开关的 3 触点,线号为 P24,电源旋转开关 4 触点接到端子排 X3-11,线号为 P24。接线图如图 3-3-12 所示。

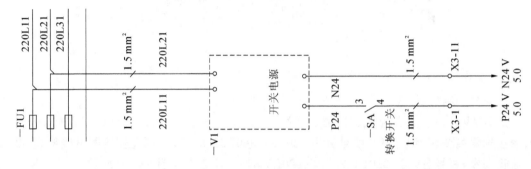

图 3-3-12　接线原理图(三)

2.二次回路接线

从 P24 端子排处接一根线到电源旋转开关 SA1 的端子 1 处,线号为 P24,从电源旋转开关触点 2 接一根线到接触器线圈＋,线号为 0500。此处通过旋转开关来控制接触器主触点是否闭合,进而控制伺服驱动器的主电源。

从 P24 端子排接一根线到电源旋转开关的触点 7,线号为 P24,从电源旋转开关触点 8 接一根线到电源指示灯的 X1,线号为 0500,电源指示灯的 X2 触点接 N24。接线图如图 3-3-13 所示。

从 P24 端子排接一根线到 IPC 控制器 24V 端,线号为 0502,从 N24 端子排接一根线到 IPC 控制器 GND,线号为 0503。从 P24 端子排接一根线到 I/O 模块 24 V,线号为 0504,从 N24 端子排处接一根线到 I/O 模块 GND,线号为 0505。从 P24 端子排处接一根线到示教器 24V,线号为 0506,从 N24 端子排处接一根线到示教器 GND,线号为 0507。接线图如图 3-3-14 所示。

3.I/O 模块输入回路接线

将 HIO-1011N 模块的第一块 X0.0 到 X0.7 分别接到接线端子排 X4-1 到 X4-7 上端,GND 端接到 N24 端子排上,线号为 0708。

X4-1 接线端子排下端接示教器的急停信号,线号为 0700。

X4-3 接线端子下端接按钮面板急停开关的 X1 触点,线号为 0702,急停开关的 X2 触点接 N24 端子排,线号为 N24。

X4-6 接线端子下端接按钮面板复位按钮的 X1 触点,线号为 0705,复位按钮的 X2 触点接 N24 端子排,线号为 N24。

X4-8 接线端子线段接按钮面板伺服使能按钮的 X1 触点,线号为 0707,伺服使能按钮的 X2 触点接 N24 端子排,线号为 N24。

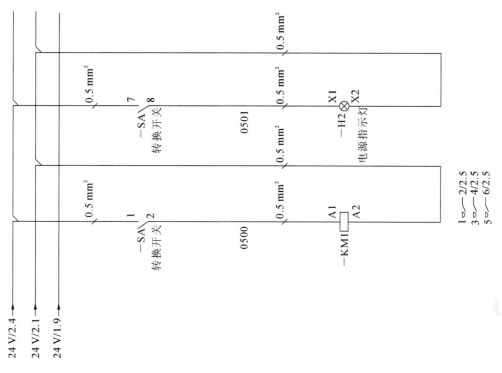

图 3-3-13　接线原理图(四)

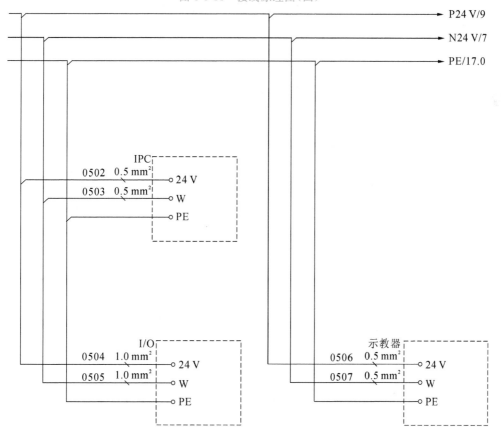

图 3-3-14　接线原理图(五)

接线原理图如图 3-3-15 所示。

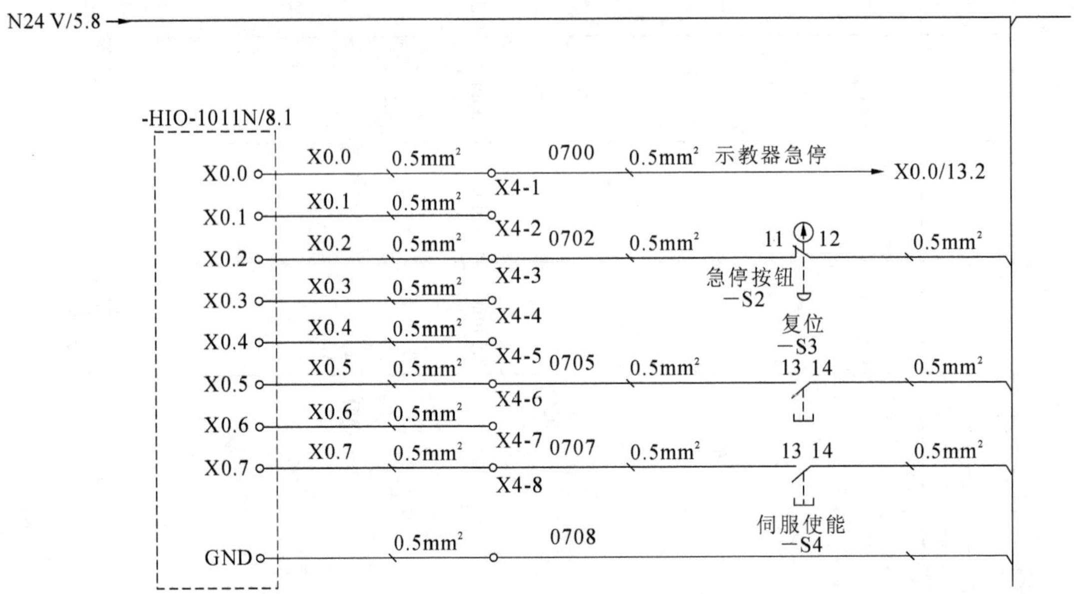

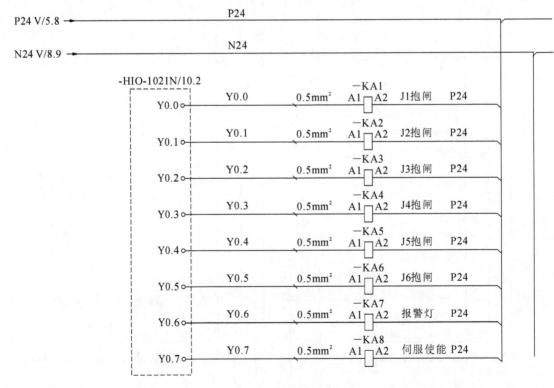

图 3-3-15　接线原理图(六)

4. I/O 模块输出回路接线

将 HIO-1021N 模块的 Y0.0 到 Y0.7 分别接到中间继电器(KA1-KA8)的触点 13,KA1~KA8 中间继电器的触点 14 分别接到 P24 端子排。接线原理图如图 3-3-16 所示。

图 3-3-16　接线原理图(七)

将 HIO-1021N 模块的 Y1.0 到 Y1.7 分别接到端子排 X5-1 到 X5-7。

X5-1 端子排接到伺服使能指示灯 X1 触点,线号为 1000,X2 触点接 P24 端子排,线号为 P24。

X5-2 端子排接到横向红灯 X1 触点,线号为 1001,X2 触点接 P24 端子排,线号为 P24。X5-2 端子排接到横向黄灯 X1 触点,线号为 1002,X2 触点接 P24 端子排,线号为 P24。X5-3 端子排接到横向绿灯 X1 触点,线号为 1003,X2 触点接 P24 端子排,线号为 P24。

X5-4 端子排接到纵向红灯 X1 触点,线号为 1004,X2 触点接 P24 端子排,线号为 P24。X5-5 端子排接到纵向黄灯 X1 触点,线号为 1005,X2 触点接 P24 端子排,线号为 P24。X5-6 端子排接到纵向绿灯 X1 触点,线号为 1006,X2 触点接 P24 端子排,线号为 P24。

KA1~KA8 中间继电器的触点 5 接 P24 端子排,触点 9 分别接端子排 X6-1、X6-3、X6-5、X6-7、X6-9、X6-11、X6-13、X6-14,线号分别为 BK1+、BK2+、BK3+、BK4+、BK5+、BK6+、YL1、YL2。中间继电器 1—6 分别控制 6 个电动机的抱闸线圈。接线原理图如图 3-3-17 所示。

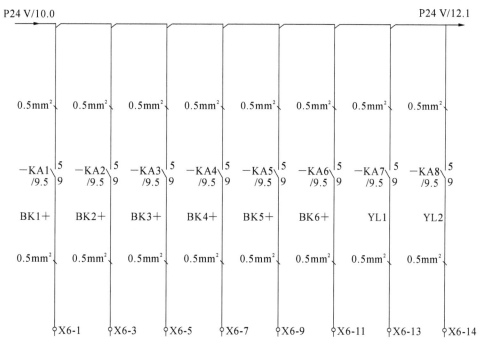

图 3-3-17 接线原理图(八)

5. NCUC 总线

NCUC 总线协议具有自主知识产权,可以方便实现设备装置之间高速的数据交换。整个电气拆装实训平台的 NCUC 总线回路如图 3-3-18 所示。

6. 驱动器与电动机编码器接线

伺服驱动器 XS1 接口插座和插头引脚分布如图 3-3-19 所示。

XS1 伺服电动机编码器输入接口插头焊片(面对插头的焊片看)驱动器与电动机编码器线缆信号为 SD+、SD−、Vcc、GND、VB、PE。多摩川电动机编码器和驱动器的接线图如图 3-3-20 所示。

J1~J6 轴编码器线缆为 RVVP 多芯屏蔽线缆(6 芯),粉色接电动机编码器的 SD+,红色接电动机编码器的 SD−,棕色接电动机编码器的 Vcc,黑色接电动机编码器的 GND。

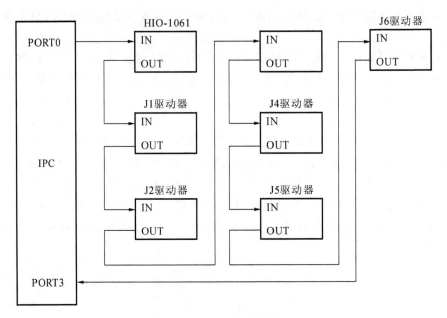

图 3-3-18　NCUC 总线回路

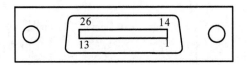

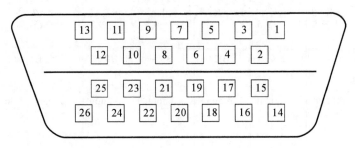

图 3-3-19　编码器插头引脚分布

多摩川绝对编码器　　　　　160U伺服驱动器

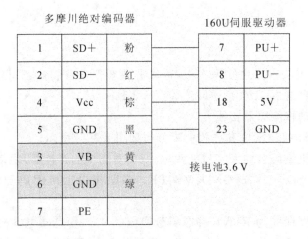

1	SD+	粉	7	PU+
2	SD−	红	8	PU−
4	Vcc	棕	18	5V
5	GND	黑	23	GND
3	VB	黄		
6	GND	绿		
7	PE			

接电池3.6 V

图 3-3-20　编码器与驱动器连线图

7.驱动器与电动机动力接线

XT2 电源输出端子引脚示意图如图 3-3-21 所示。

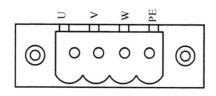

图 3-3-21　电动机动力线端子

J1~J6 轴动力线缆为 RVVP 多芯屏蔽线缆(4 芯),抱闸线缆用的 RVVP 多芯线缆(2 芯)。

任务实施

根据电气布局图、电气原理图及综合布线规范实施电气柜装配。装配过程按照行业要求执行。

对于华数机器人平台电气控制系统的安装与调试需根据知识准备中的基本介绍,并严格按照装配要求实施。最终通电测试前需按照以下流程对其检查。

(1)检查端子排是否损伤,导体是否歪斜,导线外层是否破损。

(2)元器件安装应牢固可靠,应留有足够的灭弧距离和维护拆卸罩所需的空间,并有防松措施,外部接线端子应为接线留有必要的空间。

(3)导线截面选用是否符合要求,布线是否合理,整齐美观;线缆固定端子是否牢固,有无松动现象。

(4)根据图样用万用表逐点检测,通断符合图样要求。

(5)检测电源分配,外接一次侧电源是否正确,包括 380 VAC,220 VAC 和 24 VDC,所有设备均可正常上电。

(6)检查 NCUC 总线连接和 PLC I/O 模块的接线是否与电气图样一致。

(7)检测通信设备,通信正常。检测人机界面,显示正常,通信正常。检测 I/O 模块功能及每个 I/O 通道,正常。

展示评估

任务三评估表

基本素养(20 分)			
序号	评估内容	自评	互评	师评
1	纪律(无迟到、早退、旷课)(10 分)			
2	参与度、团队协作能力、沟通交流能力(5 分)			
3	安全规范操作(5 分)			

理论知识(20 分)			
序号	评估内容	自评	互评	师评
1	电气图布局基础知识(6 分)			
2	电磁辐射的控制方法(8 分)			
3	接线端子的连接与扎线的要求(6 分)			

技能操作(60 分)				
序号	评估内容	自评	互评	师评
1	准备工作和整理工作(5 分)			
2	按布局图实施电柜布置(10 分)			
3	装配中的接线端处理(10 分)			
4	线束的处理(25 分)			
5	细节的处理(10 分)			
综合评价				

任务四 GK 系列电动机与伺服驱动器的安装、连接与调试

知识目标

- 了解 GK 系列伺服电动机和驱动器有哪些。
- 了解 GK 各型号电动机的应用环境。
- 了解 GK 驱动器的相关技术参数。

技能目标

- 能通过各电动机的说明进行安装、连接与调试。
- 能分清各电动机的应用环境。

任务描述

通过现场参观或多媒体演示的方式学习,掌握 GK 系列伺服电动机和驱动器有哪些,在实际的观察中了解和掌握 GK 系列电动机驱动方式的特点、优势与劣势,并能通过型号说明和相关技术参数说明,达到安装、连接与调试的目标。

知识准备

GK6 系列交流伺服电动机与相应伺服驱动装置配套后构成的相互协调的系统,可广泛应用于机床、纺织、塑机、印染、印刷、建材、雷达、火炮、机械手臂、包装机械等领域。GK6 系列交流伺服电动机由定子、转子、高精度反馈元件(如:光电编码器、旋转变压器等)组成。

GK6 系列交流伺服电动机采用高性能稀土永磁材料形成气隙磁场,采用无机壳定子铁芯,温度梯度大,散热效率高,具有如下优点:

- 结构紧凑,功率密度高;
- 转子惯量小,响应速度快;

- 超高内禀矫顽力稀土永磁材料,抗去磁能力强;
- 几乎在整个转速范围内可恒转矩输出;
- 低速转矩脉动小,平衡精度高,高速运行平稳;
- 噪声低、振动小;
- 全密封设计;
- 性能价格比高。

一、电动机部分

(1) 技术规范(见表 3-4-1、表 3-4-2)。

表 3-4-1　电动机技术参数

电机类型	交流伺服电动机(永磁同步电动机)
磁性材料	超高内禀矫顽力稀土永磁材料
绝缘等级	F 级 环境温度为+40 ℃时,定子绕组温升可达 $\Delta T=100$ K,可选 H 级、C 级绝缘,定子绕组温升分别达 125 K、145 K
反馈系统	标准型:方波光电编码器(带 U、V、W 信号) 备选型:(1) 旋转变压器,用于振动、冲击较大的环境; (2) 正余弦光电编码器,经细分分辨率可达 220; (3) 绝对式编码器
温度保护	PTC 正温度系数热敏电阻,20 ℃时 $R \leqslant 250$ Ω 备选:热敏开关,KTY84-130
安装形式	IMB5,备选:IMV1、IMV3、IMB35
保护等级	IP64,备选:IP 65、IP66、IP67
冷却	自然冷却
表面漆	灰色无光漆 备选:根据用户需要
轴承	双面密封深沟球轴承
径向轴密封	驱动端装轴密封圈
轴伸	标准型:a 型,光轴、无键 备选:b 型,有键槽、带键,或根据要求定制,详见轴伸标准图
振动等级	N 级,备选:R 级,S 级
旋转精度	N 级,备选:R 级,S 级
工作环境	环境温度:-15 ℃～+40 ℃ 相对湿度:30％～95％(无凝露) 大气压强:86 kPa～106 kPa 海拔高度:≤1000 m

（2）型号说明（见图 3-4-1）。

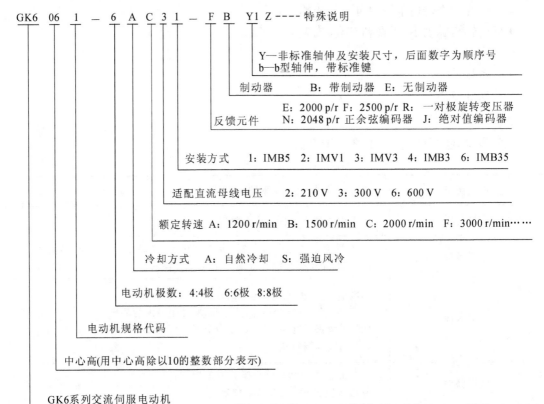

图 3-4-1　型号说明

表 3-4-2　技术数据（与 3 相 220 V 输入驱动器匹配）

型　号	额定转速 /(r/min)	静转矩 M_0 /(N·m)	相电流 A	转矩常数 K_T /(N·m/A)	电压常数 K_E /(V/1000 r/min)	转动惯量 /(10^{-4} kg·m^2)
GK6011-8AF31	3000	0.12	1.09	0.11	7.0	0.020
GK6013-8AF31	3000	0.21	1.40	0.15	9.0	0.024
GK6014-8AF31	3000	0.28	1.35	0.21	13	0.028
GK6015-8AF31	3000	0.41	1.44	0.28	17.3	0.041
GK6021-8AF31	3000	0.6	1.36	0.44	20	0.21
GK6023-8AF31	3000	0.8	1.8	0.45	20	0.29
GK6025-8AF31	3000	1.6	3.6	0.45	30	0.45
GK6031-8AF31	3000	3.2	4.3	0.74	43.3	1.21
GK6032-8AF31	3000	4.3	6.3	0.68	45	1.63

续表

型　号	额定转速 /(r/min)	静转矩 M_0 /(N·m)	相电流 A	转矩常数 K_T /(N·m/A)	电压常数 K_E /(V/1000 r/min)	转动惯量 /(10^{-4} kg·m^2)
GK6040-6AC31	2000		2.1	0.76	67	
GK6040-6AF31	3000	1.6	3.2	0.5	40	1.87
GK6040-6AK31	6000		6.4	0.25	20	
GK6041-6AC31	2000		2.8	0.89	60	
GK6041-6AF31	3000	2.5	4.2	0.59	40	2.67
GK6041-6AK31	6000		8.5	0.29	20	
GK6042-6AC31	2000		3.0	1.07	60	
GK6042-6AF31	3000	3.2	4.5	0.71	40	3.47
GK6042-6AK31	6000		9	0.36	20	
GK6051-6AC31	2000	2	2.4	0.83	55	1.73
GK6051-6AF31	3000		3.5	0.57	37	
GK6052-6AC31	2000	3	3.0	1	64	3.0
GK6052-6AF31	3000		4.5	0.67	43	
GK6053-6AC31	2000	4	4.0	1	64	4.27
GK6053-6AF31	3000		5.0	0.8	51	
GK6054-6AC31	2000	5	5.0	1	64	5.55
GK6054-6AF31	3000		6.0	0.83	53	
GK6055-6AC31	2000	6	6.0	1	64	6.83
GK6055-6AF31	3000		8.0	0.75	48	
GK6060-6AC31	2000	3	2.5	1.2	62	4.4
GK6060-6AF31	3000		3.8	0.79	43	
GK6061-6AC31	2000	6	5.5	1.09	80	8.7
GK6061-6AF31	3000		8.3	0.72	53	
GK6062-6AC31	2000	7.5	6.2	1.21	80	12.9
GK6062-6AF31	3000		9.3	0.81	53	
GK6063-6AC31	2000	11	9.0	1.22	80	17
GK6063-6AF31	3000		13.5	0.82	53	
GK6064-6AC31	2000	4.5	3.7	1.22	80	6.7
GK6064-6AF31	3000		5.5	0.82	53	
GK6065-6AC31	2000	15	12.3	1.22	80	22.2
GK6065-6AF31	3000		18.3	0.82	53	

（3）插件接线定义图（见图 3-4-2、图 3-4-3）。

二、驱动器部分

（1）GA16 系列全数字交流伺服驱动装置。

● 采用最新运动控制专用数字信号处理器（DSP）、大规模现场可编程逻辑阵列（FPGA）

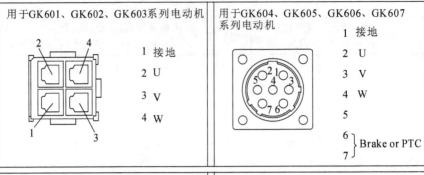

图 3-4-2　动力插座接线定义图

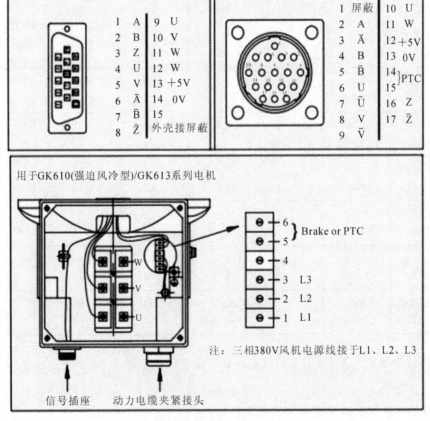

图 3-4-3　信号插座接线定义图

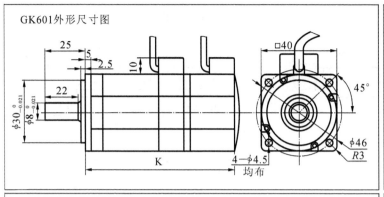

型号	K/mm
GK6011	86.95
GK6013	91.95
GK6014	96.5
GK6015	111.5

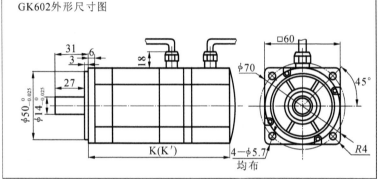

型号	K/mm	K'/mm (带制动器)
GK6021	110.5	139.5
GK6023	120.5	149.5
GK6025	140.5	169.5

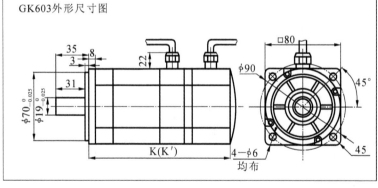

型号	K/mm	K'/mm (带制动器)
GK6031	149.5	180.5
GK6032	169.5	200.5

图 3-4-4 电动机外形尺寸图

和智能化功率块(IPM)等当今最新技术设计,操作简单、可靠性高、体积小巧,易于安装。

● 控制简单、灵活:通过修改伺服驱动单元参数、可对伺服驱动系统的工作方式、内部参数进行设置、以适应不同应用环境和要求。

● 状态显示齐全:GA16 设置了一系列状态显示信息,方便用户在调试、使用过程中观察伺服驱动单元的相关状态参数;同时也提供了一系列的故障诊断信息。

● 宽调速比(与电动机及反馈元件有关):GA16 伺服驱动单元的最高转速可设置为 6000 r/min,最低转速为 0.5 r/min;调速比为 1:6000。

● 体积小巧,易于安装。

图 3-4-4 所示为电动机外形尺寸图,图 3-4-5 所示为轴伸键槽推荐标准。

(2) 驱动器规格型号说明如图 3-4-6 所示,驱动器规格见表 3-4-3。

(3) 伺服驱动放大器尺寸(见图 3-4-7)。

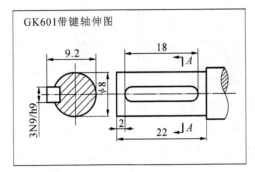

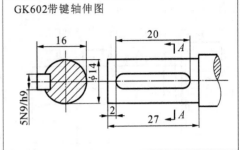

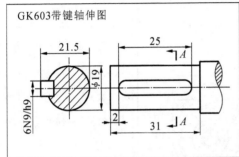

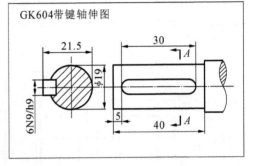

图 3-4-5　轴伸键槽推荐标准

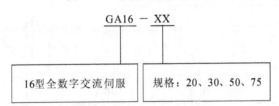

图 3-4-6　驱动器规格型号

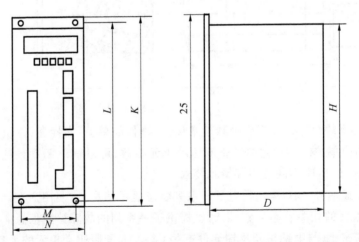

型号	M	N	T	L	K	D	H
GA16-20	53	81	/	239	258	165	222
GA16-30	53	81	/	239	258	165	222
GA16-50	58	86	104	239	258	179	222
GA16-75	77	115	125.5	239	258	206	222

图 3-4-7　驱动放大器尺寸

表 3-4-3　驱动器规格

控制电源		单相 AC220 V 50/60 Hz	输入强电电源	三相 AC220 V 50/60 Hz
使用环境	温度	工作:0 ℃～55 ℃　存贮:－20 ℃～80 ℃		
	湿度	小于 90％(无结露)		
	振动	小于 0.5G(4.9 m/s²),10～60 Hz(非连续运行)		
控制方法		①位置控制;②速度控制;③速度试运行;④ JOG 运行		
再生制动		内置/外接		
特性	速度频率响应	300 Hz 或更高		
	速度波动率	＜±0.1(负载 0～100％);＜±0.02(电源－15％～＋10％)(数值对应于额定速度)		
	调速比	1:6000		
	脉冲频率	≤500 kHz		
控制输入		①伺服使能;②报警清除;③偏差计数器清零;④ 指令脉冲禁止;⑤ CCW 驱动禁止;⑥ CW 驱动禁止		
控制输出		①伺服准备好输出;②伺服报警输出;③定位完成输出/速度到达输出		
位置控制	输入方式	①两相 A/B 正交脉冲;②脉冲＋符号;③CCW/CW		
	电子齿轮	(1～32767)/(1～32767)		
	反馈脉冲	最高 20000 p/r		
加减速功能		参数设置 1～10000 ms(0～2000 r/min 或 2000～0 r/min)		
监视功能		转速、当前位置、指令脉冲积累、位置偏差、电动机转矩、电动机电流、转子位置、指令脉冲频率、运行状态、输入输出端子信号等		
保护功能		超速、主电源过压、欠压、过流、过载、制动异常、编码器异常、控制电源欠压、保险丝断、过热、位置超差等		
操作		6 位 LED 数码管、5 个按键		
适用负载惯量		小于电动机惯量的 5 倍		

任务实施

现场讲述 GK 系列电动机和驱动器,通过在实验平台上的应用分门别类地了解各型号的电动机,同时掌握其安装、连接的要素。

步骤一:集合、点名、交代安全事故相关事项。

步骤二:分配 GK 系列电动机和驱动器的实验台。

步骤三:记录讲述内容,分析不同之处。

步骤四:拆卸记录,装配记录。

步骤五:完成观察报告。

展示评估

任务四评估表

基本素养(40分)				
序号	评估内容	自评	互评	师评
1	纪律(无迟到、早退、旷课)(10分)			
2	参与度、团队协作能力、沟通交流能力(15分)			
3	安全规范操作(15分)			
理论知识(40分)				
序号	评估内容	自评	互评	师评
1	驱动类型的识别(10分)			
2	各驱动方式的特点(15分)			
3	分析各方式在所处环境中的优劣(15分)			
技能操作(20分)				
序号	评估内容	自评	互评	师评
1	准备工作和整理工作(5分)			
2	观察报告(15分)			
综合评价				

任务五　ST 系列电动机与伺服驱动器的安装、连接与调试

知识目标

- 了解 ST 系列伺服电动机和驱动器的种类。
- 了解 ST 各型号电动机的应用环境。
- 了解 ST 驱动器相关技术参数。

技能目标

- 能通过各电动机的说明进行安装、连接与调试。
- 能分清各电动机的应用环境。

任务描述

通过现场参观或多媒体演示的方式学习,掌握 ST 系列伺服电动机和驱动器的种类,在实际观察中了解和掌握 ST 系列电动机驱动方式的特点、优势与劣势,并能通过型号说明和相关技术参数说明到达安装、连接与调试的目标。

知识准备

ST 系列交流伺服电动机与相应伺服驱动装置配套后构成的相互协调的系统,可广泛应

用于机床、纺织、印刷、工业机械手臂、包装机械等领域。ST 系列交流伺服电动机由定子、转子、高精度光电编码器组成。

本节介绍 LBB 和 HBB 两个系列电动机。

一、LBB 系列

1. 特点

机座(mm):80、110、130、150。额定转矩(N·m):1.3~19.1。

额定转速(r/min):1500、2000、3000。最高转速(r/min):3000、5000。

额定功率(kW):0.4~3.0。标配反馈元件:总线式编码器(131072C/T)。

失电制动器:选配。绝缘等级:B。

防护等级:密封自冷式。IP65 极对数:4。

安装方式:法兰盘。励磁方式:永磁式。

环境温度:0~55 ℃。环境湿度:小于 90%(无结露)。

适配驱动器工作电压(VAC):220。

2. LBB 系列伺服电动机型号说明(见图 3-5-1)

$$\underset{(1)}{\underline{110}} \quad \underset{(2)}{\underline{ST}} \quad - \quad \underset{(3)}{\underline{M}} \quad \underset{(4)}{\underline{024}} \quad \underset{(5)}{\underline{20}} \quad \underset{(6)}{\underline{L}} \quad \underset{(7)}{\underline{M}} \quad \underset{(8)}{\underline{B}} \quad \underset{(9)}{\underline{B}} \quad \underset{(10)}{\underline{Z}}$$

(1) 机座号

(2) 交流永磁同步伺服电动机

(3) 反馈元件类型:光电编码器

(4) 额定转矩:三位数×0.1 N·m

(5) 额定转速:二位数×100 r/min

(6) 驱动器工作电压(VAC):220

(7) 标配编码器代码:M—多圈总线式编码器(131072C/T)

(8) 中惯量

(9) 具有最高转速特性

(10) 安装了失电制动器

图 3-5-1　LBB 系列伺服电动机型号说明

表 3-5-1 所示为 LBB 系列一览表,表 3-5-2 所示为 80 机座(3000 r/min)参数一览表。

表 3-5-1　LBB 系列一览表

电动机型号	主 要 参 数			
	额定转矩/(N·m)	额定转速/(r/min)	额定电流/A	额定功率/kW
80ST-M01330LF1B	1.3	3000	2.6	0.4
80ST-M02430LF1B	2.4	3000	4.2	0.75
80ST-M03330LF1B	3.3	3000	4.2	1.0
110ST-M02030LFB	2.0	3000	4.0	0.6
110ST-M04030LFB	4.0	3000	5.0	1.2
110ST-M05030LFB	5.0	3000	6.0	1.5
110ST-M06020LFB	6.0	2000	6.0	1.2
110ST-M06030LFB	6.0	3000	8.0	1.6

电动机型号	主要参数			
	额定转矩/(N·m)	额定转速/(r/min)	额定电流/A	额定功率/kW
130ST-M04025LFB	4.0	2500	4.0	1.0
130ST-M05020LFB	5.0	2000	5.0	1.0
130ST-M05025LFB	5.0	2500	5.0	1.3
130ST-M06025LFB	6.0	2500	6.0	1.5
130ST-M07720LFB	7.7	2000	6.0	1.6
130ST-M07725LFB	7.7	2500	7.5	2.0
130ST-M07730LFB	7.7	3000	9.0	2.4
130ST-M10015LFB	10	1500	6.0	1.5
130ST-M10025LFB	10	2500	10.0	2.6
130ST-M15015LFB	15	1500	9.5	2.3
130ST-M15025LFB	15	2500	17.0	3.8
150ST-M15025LFB	15	2500	16.5	3.8
150ST-M18020LFB	18	2000	16.5	3.6
150ST-M23020LFB	23	2000	20.5	4.7
150ST-M27020LFB	27	2000	20.5	5.5

表 3-5-2 80 机座(3000 r/min)参数一览表

电动机型号	80ST-M01330LF1B	80ST-M02430LF1B	80ST-M03330LF1B
功率/kW	0.4	0.75	1.0
额定转矩/(N·m)	1.3	2.4	3.3
额定转速/(r/min)	3000	3000	3000
额定电流/A	2.6	4.2	4.2
转子惯量/(kg·m²)	0.74×10^{-4}	1.2×10^{-4}	1.58×10^{-4}
机械时间常数/ms	1.65	0.993	0.83
电气时间常数/ms	6.435	7.272	7.668
转矩常数/ms	0.5	0.571	0.786
相反电势常数	21.05	22.77	29.27
相绕组电阻/Ω	1.858	0.901	1.081
相绕组电感/mH	11.956	6.552	8.29
最大电流/A	7.8	12.6	12.6
最大转矩/(N·m)	3.9	7.2	9.9

3. LBB 系列电动机尺寸说明(见表 3-5-3)

表 3-5-3　LBB 系列电动机尺寸

型号	L	LL	LR	LE	LG	LC	LA	LZ	S	LB	W	LK
80ST-M01330LEB	163	128	35	3	10	80	90	6	19	70	6	25
80ST-M02430LEB	185	150	35	3	10	80	90	6	19	70	6	25
80ST-M03330LEB	200	165	35	3	10	80	90	6	19	70	6	25

图 3-5-2、图 3-5-3 所示分别为 LBB 系列电动机尺寸和轴伸出端尺寸。

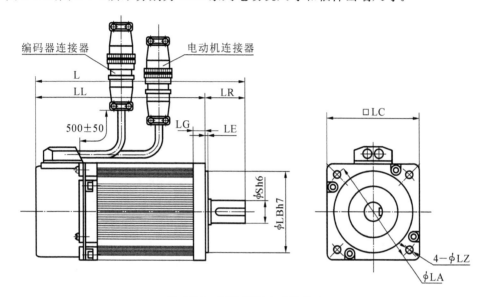

图 3-5-2　LBB 系列电动机尺寸

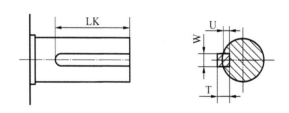

图 3-5-3　轴伸出端尺寸

二、HBB 系列

1. 特点

机座(mm):110、130、150。额定转矩(N·m):2.5~28.7。

额定转速(r/min):1500、2000。最高转速(r/min):3000。

额定功率(kW):0.4~5.5。标配反馈元件:总线式编码器(131072C/T)。

失电制动器:选配。绝缘等级:B。

防护等级:密封自冷式,IP65。极对数:4。

安装方式:法兰盘。励磁方式:永磁式。

环境温度:0~55 ℃。环境湿度:小于 90%(无结露)。

适配驱动器工作电压(VAC):380。

2. HBB系列伺服电动机型号说明(见图3-5-4)

$$\underset{(1)}{\underline{110}}\ \underset{(2)}{\underline{ST}}\ -\ \underset{(3)}{\underline{M}}\ \underset{(4)}{\underline{024}}\ \underset{(5)}{\underline{20}}\ \underset{(6)}{\underline{H}}\ \underset{(7)}{\underline{M}}\ \underset{(8)}{\underline{B}}\ \underset{(9)}{\underline{B}}\ \underset{(10)}{\underline{Z}}$$

(1) 机座号
(2) 交流永磁同步伺服电动机
(3) 反馈元件类型:光电编码器
(4) 额定转矩:三位数×0.1 N·m
(5) 额定转速:二位数×100 r/min
(6) 驱动器工作电压(VAC):380
(7) 标配编码器代码:M—多圈总线式编码器(131072C/T)
(8) 中惯量
(9) 具有最高转速特性
(10) 安装了失电制动器

图 3-5-4　HBB 系列伺服电动机型号说明

表 3-5-4 至表 3-5-6 所示分别为 HBB 系列一览表、110 机座(1500 r/min)参数一览表和110 机座(2000 r/min)参数一览表。

表 3-5-4　HBB 系列一览表

电动机型号	主要参数				
	额定转矩/(N·m)	额定转速/(r/min)	最高转速/(r/min)	额定电流/A	额定功率/kW
110ST-M02515HMBB	2.5	1500	3000	2.5	0.4
110ST-M03215HMBB	3.2	1500	3000	2.5	0.5
110ST-M05415HMBB	5.4	1500	3000	3.5	0.85
110ST-M06415HMBB	6.4	1500	3000	4.0	1.0
110ST-M02420HMBB	2.4	2000	3000	2.5	0.5
110ST-M04820HMBB	4.8	2000	3000	3.5	1.0
130ST-M03215HMBB	3.2	1500	3000	2.5	0.5
130ST-M05415HMBB	5.4	1500	3000	3.8	0.85
130ST-M06415HMBB	6.4	1500	3000	4.0	1.0
130ST-M09615HMBB	9.6	1500	3000	6.0	1.5
130ST-M14615HMBB	14.3	1500	3000	9.5	2.3
130ST-M04820HMBB	4.8	2000	3000	3.5	1.0
130ST-M07220HMBB	7.2	2000	3000	5.0	1.5
130ST-M09620HMBB	9.6	2000	3000	7.5	2.0
130ST-M14320HMBB	14.3	2000	3000	9.5	3.0
150ST-M14615HMBB	14.6	1500	3000	9.0	2.3
150ST-M19115HMBB	19.1	1500	3000	12.0	3.0
150ST-M22315HMBB	22.3	1500	3000	13.0	3.5
150ST-M28715HMBB	28.7	1500	3000	17.0	4.5
150ST-M14320HMBB	14.3	2000	3000	9.0	3.0
150ST-M23920HMBB	23.9	2000	3000	14.0	5.0
150ST-M26320HMBB	26.3	2000	3000	15.5	5.5

表 3-5-5 110 机座(1500 r/min)参数一览表

电动机型号	110ST-M02515HEBB	110ST-M03215HEBB	110ST-M05415HEBB	110ST-M06415HEBB
功率/kW	0.4	0.5	0.85	1.0
额定转矩/(N·m)	2.5	3.2	5.4	6.4
额定转速/(r·min)	1500	1500	1500	1500
最高转速/(r·min)	3000	3000	3000	3000
额定电流/A	2.5	2.5	3.5	4.0
转子惯量/(kg·m²)	0.425×10^{-3} (0.489×10^{-3})	0.828×10^{-3} (0.892×10^{-3})	0.915×10^{-3} (0.979×10^{-3})	1.111×10^{-3} (1.175×10^{-3})
机械时间常数/ms	8.110	4.470	2.391	1.895
电气时间常数/ms	3.102	3.736	4.046	4.322
转矩常数/(N·m/Arms)	1.25	1.28	1.543	1.6
相反电势常数/(V/kr/min)	59.57	65.57	64.415	65.07
相绕组电阻/Ω	6.361	2.948	2.074	1.456
相绕组电感/mH	19.730	11.015	8.390	6.291
最大电流/A	6.0	7.5	10.5	12.0
最大转矩/(N·m)	7.5	9.6	16.2	19.2

表 3-5-6 110 机座(2000 r/min)参数一览表

电机型号	110ST-M02420HEBB	110ST-M04820HEBB
功率/kW	0.5	1.0
额定转矩/(N·m)	2.4	4.8
额定转速/(r/min)	2000	2000
最高转速/(r/min)	3000	3000
额定电流/A	2.5	3.5
转子惯量/(kg·m²)	0.425×10^{-3} (0.489×10^{-3})	0.915×10^{-3} (0.979×10^{-3})
机械时间常数/ms	7.369	2.668
电气时间常数/ms	3.05	4.074
转矩常数/(N·m/Arms)	0.96	1.371
相反电势常数/(V/kr/min)	54.57	60.16
相绕组电阻/Ω	5.326	1.828
相绕组电感/mH	16.244	7.446
最大电流/A	7.5	10.5
最大转矩/(N·m)	7.2	14.4

3. HBB 系列电动机尺寸说明(见表 3-5-7)

表 3-5-7　HBB 系列电动机尺寸

型　号	L	LL	LR	LC	LA	LZ	S	LB	W	LK
110ST-M02515HEBB 110ST-M02420HEBB	214 (256)	158 (200)	56	110	130	9	19	95	6	40
110ST-M03215H EBB	241 (283)	185 (227)	56	110	130	9	19	95	6	40
110ST-M04820HEBB 110ST-M05415HEBB	256 (298)	200 (242)	56	110	130	9	19	95	6	40
110ST-M06415H EBB	273 (315)	217 (259)	56	110	130	9	19	95	6	40

图 3-5-5、图 3-5-6 所示分别为不带刹车电动机和带刹车电动机。

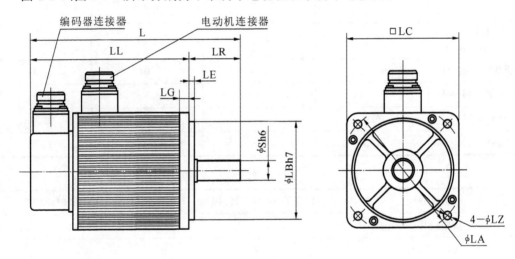

图 3-5-5　不带刹车电动机

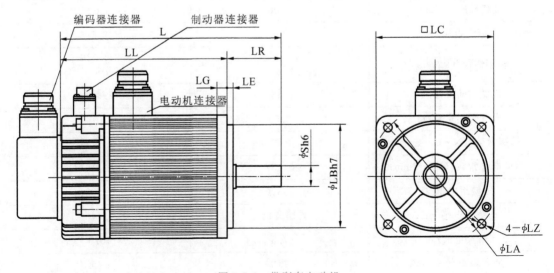

图 3-5-6　带刹车电动机

4.编码器相位

非省线式编码器波形 CCW 如图 3-5-7 所示,省线式编码器波形 CCW 如图 3-5-8 所示。

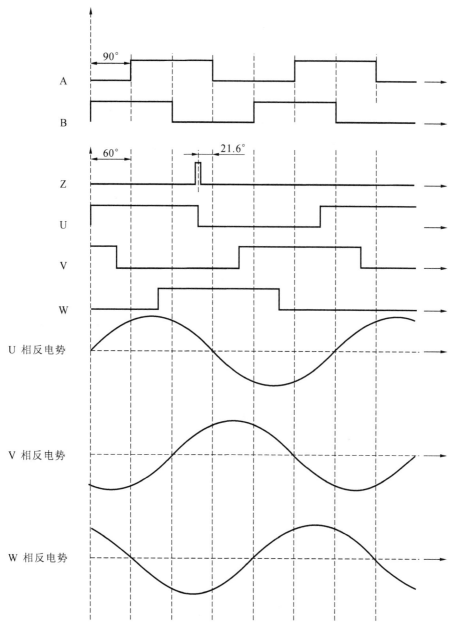

图 3-5-7 非省线式编码器波形 CCW(从电动机轴伸端看)

任务实施

现场讲述 ST 系列电动机和驱动器,通过在实验平台上的应用分门别类地了解各型号的电动机,同时掌握其安装、连接的要素。

步骤一:集合、点名、交代安全事故相关事项。

步骤二:分配 ST 系列电动机和驱动器的实验台。

步骤三:记录讲述内容,分析不同之处。

步骤四:拆卸记录,装配记录。

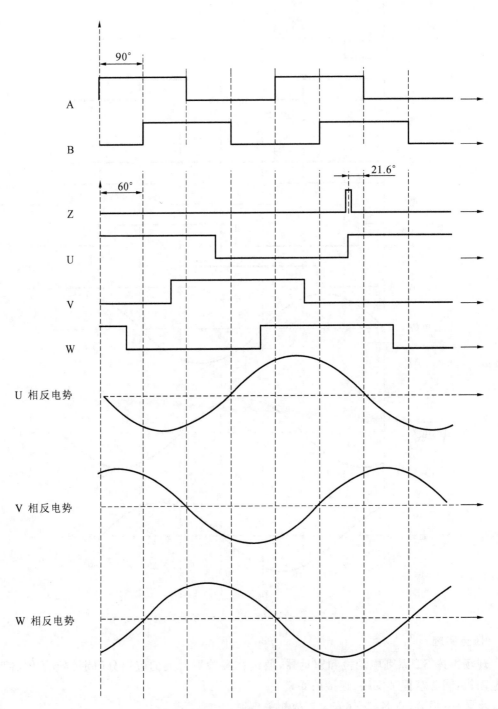

图 3-5-8　省线式编码器波形 CCW（从电动机轴伸端看）

步骤五:完成观察报告。

展示评估

任务五评估表

基本素养(40分)

序号	评估内容	自评	互评	师评
1	纪律(无迟到、早退、旷课)(10分)			
2	参与度、团队协作能力、沟通交流能力(15分)			
3	安全规范操作(15分)			

理论知识(40分)

序号	评估内容	自评	互评	师评
1	驱动类型的识别(10分)			
2	各驱动方式的特点(15分)			
3	分析各方式在所处环境中的优劣(15分)			

技能操作(20分)

序号	评估内容	自评	互评	师评
1	准备工作和整理工作(5分)			
2	观察报告(15分)			
	综合评价			

项目四　工业机器人 PLC 控制

项目描述

利用 PLC(可编程控制器)完成工业机器人的动作控制,实现工件抓取。

项目目标

- 用 PLC 完成三相异步电动机控制。
- 机器人能抓取工件。
- 机器人移动到指定位置放置工件。

知识目标

- 掌握 PLC 的工作方式、工作过程。
- 掌握 PLC 常用指令的使用。

技能目标

- 能利用数控机床 PLC 的开关量控制功能来控制工业机器人的工作。

任务一　认识 PLC

知识目标

- 了解 PLC 的定义。
- 了解 PLC 的特点及应用。
- 了解 PLC 的硬件结构。

技能目标

- 能使用常见电工工具。
- 能认识 PLC 的硬件结构。

任务描述

认识 PLC 硬件结构并上电运行。

知识准备

一、可编程控制器的产生及定义

1969 年,美国数字设备公司(DEC)研制出世界第一台可编程控制器,并成功地应用在美国通用汽车公司(GM)的生产线上。但当时只能进行逻辑运算,故称为可编程逻辑控制器,简称 PLC(programmable logic controller)。20 世纪 70 年代后期,随着微电子技术和计算机技术的迅猛发展,使 PLC 从开关量的逻辑控制扩展到数字控制及生产过程控制域,真正成为一种电子计算机工业控制装置,故称为可编程控制器,简称 PC(programmable controller)。但由于 PC 容易与个人计算机(personal computer)相混淆,故人们仍习惯地用 PLC 作为可编程控制器的缩写。

1985 年,国际电工委员会(IEC)对 PLC 的定义如下:可编程控制器是一种进行数字运算的电子系统,是专为在工业环境下的应用而设计的工业控制器,它采用了可以编程序的存储器,用来在其内部存储执行逻辑运算、顺序控制、定时、计数和算术运算等操作的指令,并通过数字或模拟式的输入和输出,控制各种类型机械的生产过程。

PLC 是由继电器逻辑控制系统发展而来的,所以它在数学处理、顺序控制方面具有一定优势。继电器在控制系统中主要起两种作用:① 逻辑运算;② 弱电控制强电。PLC 是集自动控制技术、计算机技术和通信技术于一体的一种新型工业控制装置,已跃居工业自动化三大支柱(PLC、ROBOT、CAD/CAM)的首位。

二、可编程控制器的分类及特点

(一)分类

1.从组成结构形式分

(1)一体化整体式 PLC。

(2)模块式结构化 PLC。

2.按 I/O 点数及内存容量分

(1)超小型 PLC。

(2)小型 PLC:I/O 总点数在 256 点以下。

(3)中型 PLC:I/O 总点数在 256~2048 点之间。

(4)大型 PLC:I/O 总点数在 2048 点以上。

(5)超大型 PLC:I/O 总点数在 8192 点以上。

3.按输出形式分

(1)继电器输出为有触点输出方式,适用于低频大功率直流或交流负载。

(2)晶体管输出为无触点输出方式,适用于高频小功率直流负载。

(3)晶闸管输出为无触点输出方式,适用于高速大功率交流负载。

(二)特点

(1)可靠性高、抗干扰能力强。

(2)编程简单、使用方便。

(3)设计、安装容易,维护工作量少。

(4)功能完善、通用性好,可实现三电一体化,PLC 将电控(逻辑控制)、电仪(过程控制)和电结(运动控制)这三电集于一体。

(5)体积小、能耗低。

(6)性能价格比高。

三、PLC 控制系统的分类

(一)集中式控制系统

集中式控制系统是用一个 PLC 控制一台或多个被控设备。主要用于输入、输出点数较少,各被控设备所处的位置比较近,且相互间的动作有一定联系的场合。其特点是控制结构简单。

（二）远程式控制系统

远程式控制系统是指控制单元远离控制现场,PLC通过通信电缆与被控设备进行信息传递。该系统一般用于被控设备分散,或工作环境比较恶劣的场合。其特点是需要采用远程通信模块,提高了系统的成本和复杂性。

（三）分布式控制系统

分布式控制系统是采用几台小型PLC分别独立控制某些被控设备,然后再用通信线缆将几台PLC连接起来,并用上位机进行管理的系统。该系统多用于有多台被控设备的大型控制系统,其各被控设备之间有数据信息传送的场合。其特点是系统灵活性强、控制范围大,但需要增加用于通信的硬件和软件,系统更复杂。

四、PLC的硬件结构

PLC主要由CPU模块、输入模块、输出模块、电源和编程器（或编程软件）组成,CPU模块通过输入模块将外部控制现场的控制信号读入CPU模块的存储器中,经过用户程序处理后,再将控制信号通过输出模块来控制外部控制现场的执行机构。如图4-1-1是PLC控制系统示意图。

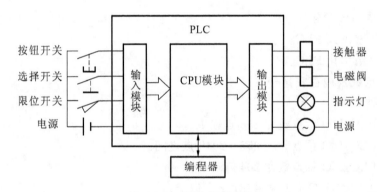

图 4-1-1　PLC控制系统

（一）CPU

CPU是PLC的核心部件,整个PLC的工作过程都是在CPU的统一指挥和协调下进行的,CPU的主要任务如下所述。

（1）接收从编程软件或编程器输入的用户程序和数据,并存储在存储器中。

（2）用扫描方式接收现场输入设备的状态和数据,并存入相应的数据寄存器或输入映像寄存器。

（3）监测电源、PLC内部电路工作状态和用户程序编制过程中的语法错误。

（4）在PLC的运行状态,执行用户程序,完成用户程序规定的各种算术逻辑运算、数据的传输和存储等。

（5）按照程序运行结果,更新相应的标志位和输出映像寄存器,通过输出部件实现输出控制、制表打印和数据通信等功能。

（二）存储器

PLC存储器包括系统存储器和用户存储器。

系统存储器固化厂家编写的系统程序,用户不可以修改,它包括系统管理程序和用户指令解释程序等。

用户存储器包括用户程序存储器（程序区）和功能存储器（工作数据区）两部分。工作数据区是外界与 PLC 进行信息交互的主要交互区,它的每一个二进制位、每一个字节单位和字单位都有唯一的地址。

系统程序存储器是存放系统软件的存储器;用户程序存储器用来存放 PLC 用户的程序应用;数据存储器用来存储 PLC 程序执行时的中间状态与信息,它相当于计算机的内存。

（三）输入/输出接口（I/O 模块）

PLC 与工业过程相连接的接口即为 I/O 接口,I/O 接口有两个要求:一是接口有良好的抗干扰能力,二是接口能满足工业现场各类信号的匹配要求,所以接口电路一般都包含光电隔离电路和 RC 滤波电路。

输入接口是连接外部输入设备和 PLC 内部的桥梁,输入回路电源为外接直流电源。输入接口接收来自输入设备的控制信号,如限位开关、操作按钮及一些传感器的信号。通过接口电路将这些信号转换成 CPU 能识别的二进制信号,进入内部电路,存入输入映像寄存器中。运行时 CPU 从输入映像寄存器中读取输入信息进行处理。

输出接口连接被控对象的可执行元件,如接触器、电磁阀和指示灯等。它是 PLC 与被控对象的桥梁,输出接口的输出状态是由输入接口输入的数据与 PLC 内部设计的程序决定的。

（四）通信接口

通信接口的主要作用是实现 PLC 与外部设备之间的数据交换（通信）。通信接口的形式多样,最基本的有 RS-232、RS-422/RS-485 等的标准串行接口。可以通过多芯电缆、双绞线、同轴电缆、光缆等进行连接。

任务实施

可编程逻辑控制器硬件识别和使用。

一、备齐工具

按需要,备齐相关工具,并做好准备工作。工具包括螺丝刀、万用表。

二、可编程控制器的识别

PLC 底板、通信模板、开关量输入模块、开关量输出模块和模拟量输入/输出模块组成。

（1）识别通信子模块,图 4-1-2 所示为 PLC 通信子模块功能及接口示意图。

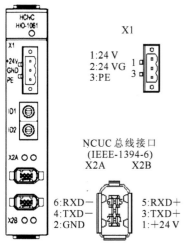

信号名	说明
24 V	直流 24 V 电源
24 VG	直流 24 V 电源地
PE	接地

信号名	说明
24 V	直流 24 V 电源
GND	直流 24 V 电源地
TXD+	数据发送
TXD−	数据发送
RXD+	数据接收
RXD−	数据接收

图 4-1-2　PLC 通信子模块功能及接口示意图

（2）识别 PLC 开关量输入子模块及相关接口。

开关量输入接口电路采用光电耦合电路，将限位开关、手动开关等现场输入设备的控制信号转换成 CPU 所能接收和受理的数字信号。

开关量输入子模块包括 NPN 型（HIO-1011N）和 PNP 型（HIO-1011P）两种（见图 4-1-3），它们的区别在于 NPN 型为低电平有效，PNP 型为高电平（＋24V）有效。每个开关量的输入子模块提供 16 个点的开关量信号输入，输入点的名称是 Xm.n，其中 X 代表输入模块，m 代表字节号，n 代表 m 字节内的位地址。GND 为接地端，用于提供标准电位。

（3）识别开关量输出子模块及相关接口。

开关量输出接口将 PLC 的运算结果对外输出，由控制继电器、电磁阀等执行元件构成。开关量输出子模块（HIO-1021N）为 NPN 型（见图 4-1-4），有效输出为低电平，否则输出为高阻状态，每个开关量输出子模块提供 16 个点的开关量信号输出，输出点的名称为 Ym.n，其中 Y 代表输出模块，m 代表字节号，n 代表 m 字节内的位地址。GND 为接地端，用于提供标准电位。输入/输出子模块 GND 端子应该与 PLC 电路电源的电源地可靠连接。

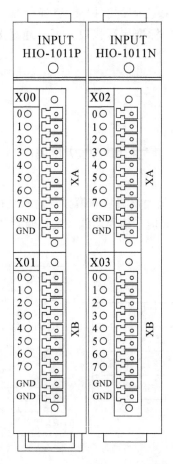

图 4-1-3　PLC 输入接口示意图

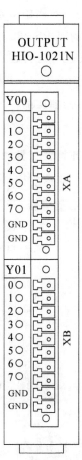

4-1-4　PLC 输出接口示意图

三、整理

整理好设备，将废弃材料放置于专门回收区。

展示评估

任务一评估表

基本素养(20 分)				
序号	评估内容	自评	互评	师评
1	纪律(无迟到、早退、旷课)(10 分)			
2	参与度、团队协作能力、沟通交流能力(5 分)			
3	安全规范操作(5 分)			
理论知识(20 分)				
序号	评估内容	自评	互评	师评
1	可编程控制器的基础知识(10 分)			
2	可编程控制器的硬件结构(10 分)			
技能操作(60 分)				
序号	评估内容	自评	互评	师评
1	准备工作和整理工作(15 分)			
2	电源模块连接(15 分)			
3	通信模块连接(15 分)			
4	输入/输出模块连接(15 分)			
综合评价				

任务二　PLC 的编程语言

知识目标

- 了解 PLC 的编程语言。
- 了解 PLC 的编程规则。
- 了解 PLC 的工作原理。

技能目标

- 能使用常见的电工工具。
- 能完成 PLC 的程序编写和烧录。

任务描述

电动机启停的 PLC 控制。

知识准备

一、PLC 编程语言的国际标准

PLC 编程语言标准(IEC 61131-3)中有 5 种编程语言,即顺序功能图(sequential

function chart，SFC），梯形图（ladder diagram，LD），功能块图（function block diagram，FBD），指令表（instruction list，IL），结构文本（structured text，ST）。其中的顺序功能图、梯形图、功能块图是图形编程语言，指令表、结构文本是文字语言。

二、梯形图的主要特点

（1）PLC 梯形图中的某些编程元件沿用了继电器这一名称。

（2）根据梯形图中各触点的状态和逻辑关系，求出图中各线圈对应的元件的 ON/OFF 状态，称为梯形图的逻辑运算。

（3）梯形图中各元件的常开触点和常闭触点均可以无限次使用。

（4）输入继电器的状态唯一地取决于对应的外部输入电路的通断状态，因此在梯形图中不能出现输入继电器的线圈。

（5）辅助继电器相当于继电控制系统中的中间继电器，用来保存运算的中间结果，不对外驱动负载，负载只能由输出继电器来驱动。

三、FX 系列可编程控制器的工作原理

FX 系列 PLC 的工作模式包括运行（RUN）与停止（STOP）两种基本的工作模式。其工作过程包括以下阶段：

（1）内部处理阶段；

（2）通信服务阶段；

（3）输入处理阶段；

（4）程序处理阶段；

（5）输出处理阶段。

循环扫描的工作方式是 PLC 的一大特点，也可以说 PLC 是"串行"工作的，这和传统的继电器控制系统"并行"工作有质的区别，PLC 的串行工作方式避免了继电器控制系统中的触点竞争和时序失配的问题。

四、FX 系列可编程控制器的元件

PLC 内部有许多具有不同功能的元件，实际上这些元件是由电子电路和存储器组成的，常见的包括：

（1）输入继电器（X）；

（2）输出继电器（Y）；

（3）辅助继电器（M）；

（4）状态继电器（S）；

（5）定时器（T）；

（6）计数器（C）；

（7）数据寄存器（D）；

（8）变址寄存器；

（9）指针（P/I）。

其中：指针（P/I）包括分支和子程序用的指针（P）以及中断用的指针（I）。

五、PLC 的编程特点

（一）PLC 编程梯形图的基本原则

（1）每个梯形图网络由多个梯级组成，每个输出元素可构成一个梯级，每个梯级可由多

个支路组成。

（2）梯形图每一行都是从左母线开始，而且输出线圈接在最右边，输入触点不能放在输出线圈的右边。

（3）输出线圈不能直接与左母线连接。

（4）多个的输出线圈可以并联输出。

（5）在一个程序中各输出处同一编号的输出线圈若使用两次称为"双线圈输出"。双线圈输出容易引起误动作，禁止使用。

（6）PLC 梯形图中，外部输入/输出继电器、内部继电器、定时器、计数器等器件的触点可多次重复使用。

（7）梯形图中串联或并联的触点的个数没有限制，可无限次使用。

（8）在用梯形图编程时，只有在一个梯级编制完整后才能继续后面的程序编制。

（9）梯形图程序运行时其执行顺序是按从左到右，从上到下的原则。

（二）编程技巧及原则

编程技巧及原则为：上重下轻，左重右轻，避免混联。

（1）梯形图应把串联触点较多的电路放在梯形图上方。

（2）梯形图应把并联触点较多的电路放在梯形图最左边。

（3）为了输入程序方便操作，可以把一些梯形图的形式作适当变换。

（三）电动机启停控制电路梯形图（见图 4-2-1）

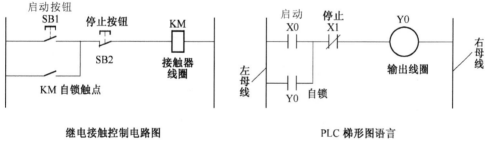

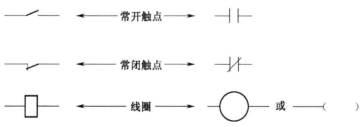

图 4-2-1 启停控制电路梯形图

（四）指令表编程

指令表也称为语句表，是程序的另一种表示方法。语句表中的语句指令依一定的顺序排列而成。一条指令一般由助记符和操作数两部分组成，有的指令只有助记符没有操作数，称为无操作数指令。

指令表程序和梯形图程序有严格的对应关系。对指令表编程不熟悉的人可以先画出梯形图，再转换为语句表。应说明的是，程序编制完毕输入机内运行时，对简易的编程设备，不具有直接读取图形的功能，梯形图程序只有改写成指令表才能送入可编程控制器运行。

（1）触点串联指令（AND/ANI/ANDP/ANDF）。

AND 与指令。完成逻辑"与"运算。

ANI 与非指令。完成逻辑"与非"运算。

ANDP 上升沿与指令。受该类触点驱动的线圈只在触点的上升沿接通一个扫描周期。

ANDF 下降沿与指令。受该类触点驱动的线圈只在触点的下降沿接通一个扫描周期。

（2）触点并联指令（OR/ORI/ORP/ORF）。

OR 或指令。实现逻辑"或"运算。

ORI 或非指令。实现逻辑"或非"运算。

ORP 上升沿或指令。受该类触点驱动的线圈只在触点的上升沿接通一个扫描周期。

ORF 下降沿或指令。受该类触点驱动的线圈只在触点的下降沿接通一个扫描周期。

（3）自保持与解除（也称置位复位）指令（SET/RST）。

SET 自保持（置位）指令。指令使被操作的目标元件置位并保持。

RST 解除（复位）指令。指令使被操作的目标元件复位并保持清零状态。

任务实施

一、电动机启停电路

电动机启停电路如图 4-2-2 所示。

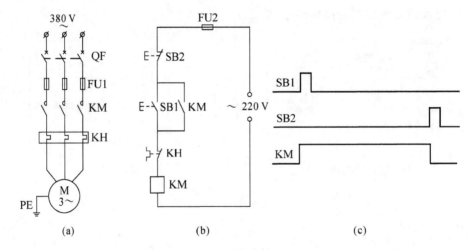

图 4-2-2　电动机启停电路

二、分配 I/O 口

I/O 口的分配详见表 4-2-1 所示。

表 4-2-1　输入/输出口

输　　入			输　　出		
输入继电器	输入元件	作用	输出继电器	输出元件	作用
X0	SB1	启动按钮	Y0	KM	运行用交流接触器
X1	SB2	停止按钮			
X2	KH	过载保护			

三、完成梯形图和指令表编程

梯形图和指令表编程如图 4-2-3 所示。

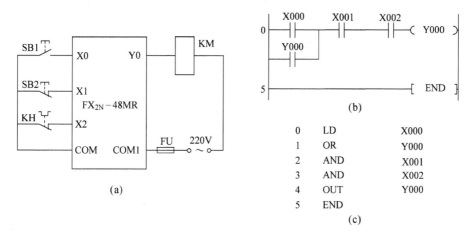

图 4-2-3　梯形图和指令表编程

展示评估

任务二评估表

基本素养(20 分)

序号	评估内容	自评	互评	师评
1	纪律(无迟到、早退、旷课)(10 分)			
2	参与度、团队协作能力、沟通交流能力(5 分)			
3	安全规范操作(5 分)			

理论知识(20 分)

序号	评估内容	自评	互评	师评
1	可编程控制器的梯形图编程规则(10 分)			
2	可编程控制器的指令表编程规则(10 分)			

技能操作(60 分)

序号	评估内容	自评	互评	师评
1	准备工作和整理工作(15 分)			
2	I/O 口分配连接(15 分)			
3	梯形图编程(15 分)			
4	指令表编程(15 分)			
	综合评价			

任务三 PLC实现电动机循环正反转控制

知识目标

- 了解 PLC 的计数器。
- 了解 PLC 的定时器。
- 了解 PLC 的工作原理。

技能目标

- 会使用常见的电工工具。
- 会使用 PLC 程序来完成计数定时。

任务描述

循环正反转的 PLC 控制。

知识准备

一、计数器

计数器在程序中用作计数控制。FX2N 系列 PLC 中的计数器可分为内部信号计数器和外部信号计数器两类。内部信号计数器是对机内元件(X、Y、M、S、T 和 C)的触点通断次数进行积算式计数,当计数次数达到计数器的设定值时,计数器触点动作,使控制系统完成相应的控制功能。计数器的设定值可由十进制常数(K)设定,也可以由指定的数据寄存器中的内容进行间接设定。由于机内元件信号的频率低于扫描频率,因而是低速计数器,也称普通计数器。对高于机器扫描频率的外部信号进行计数,需要用机内的高速计数器。FX 系列的计数器如表 4-3-1 所示。

表 4-3-1 FX 系列计数器

PLC	FX1S	FX1N	FX2N 和 FX2NC
16 位通用计数器	16(C0～C15)	16(C0～C15)	100(C0～C99)
16 位电池后备/锁存计数器	16(C16～C31)	184(C16～C199)	100(C100～C199)
32 位通用双向计数器	—		20(C200～C219)
32 位电池后备/锁存双向计数器	—		15(C220～C234)
高速计数器		21(C235～C255)	

(1) 16 位增计数器。

有两种 16 位二进制增计数器:通用 C0～C99(100 点);掉电保持用 C100～C199(100 点)。

16 位是指其设定值及当前值寄存器为二进制 16 位寄存器,其设定值为 K1～K32,767 范围内有效。设定值 K0 与 K1 意义相同,均在第一次计数时,其触点动作。

(2) 32 位增/减计数器。

有两种 32 位增/减计数器:通用 C200~C219(20 点);掉电保持用 C220~C234(15 点)。

32 位指其设定值寄存器为 32 位。由于是双向计数,32 位的首位为符号位。设定值的最大绝对值为 31 位二进制数所表示的十进制数,即-2 147 483 648~+2 147 483 647。设定值可直接用常数 K 或间接用数据寄存器中的内容。间接设定时,要用元件号紧连在一起的两个数据寄存器。

计数的方向(增计数或减计数)由特殊辅助继电器 M8200~M8234 来设定。

二、定时器(T)

PLC 内部的定时器相当于继电器接触器电路中的时间继电器,可在程序中用于延时控制。FX 系列 PLC 的定时器通常具有以下四种类型:

(1) 100 ms 定时器:T0~T199,200 点,计时范围为 0.1~3276.7 s;

(2) 10 ms 定时器:T200~T245,46 点,计时范围为 0.01~327.67 s;

(3) 1 ms 积算定时器:T246~T249,4 点(中断动作),计时范围为 0.001~32.767 s;

(4) 100 ms 积算定时器:T250~T255,6 点,计时范围为 0.1~3276.7 s。

任务实施

一、控制要求

实现正反转控制的控制要求如下:按下正转启动按钮 SB2,电动机正转 10 s,暂停 5 s,反转 10 s,暂停 5 s,如此循环 5 个周期,然后自动停止;如果按下反转启动按钮 SB3,电动机反转 10 s,暂停 5 s,正转 10 s,暂停 5 s,如此循环 5 个周期,然后自动停止;运行中,可按停止按钮停止,热继电器动作也相应停止。

二、分配 I/O 地址

(1) 通过分析控制要求可知:该控制系统有 4 个输入,即停止按钮 SB—X0、正转启动按钮 SB1—X1,反转启动按钮 SB2—X2,电动机的过载保护 FR—X3;该控制系统有 2 个输出:电动机正转接触器 KM1—Y1、电动机正转接触器 KM2—Y2,其 I/O 接线图如图 4-3-1 所示。

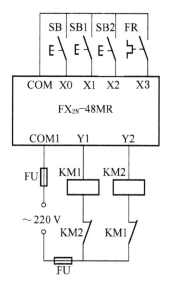

图 4-3-1 电动机循环正反转 I/O 接线图

（2）程序设计。电动机循环正反转控制梯形图如图 4-3-2 所示。

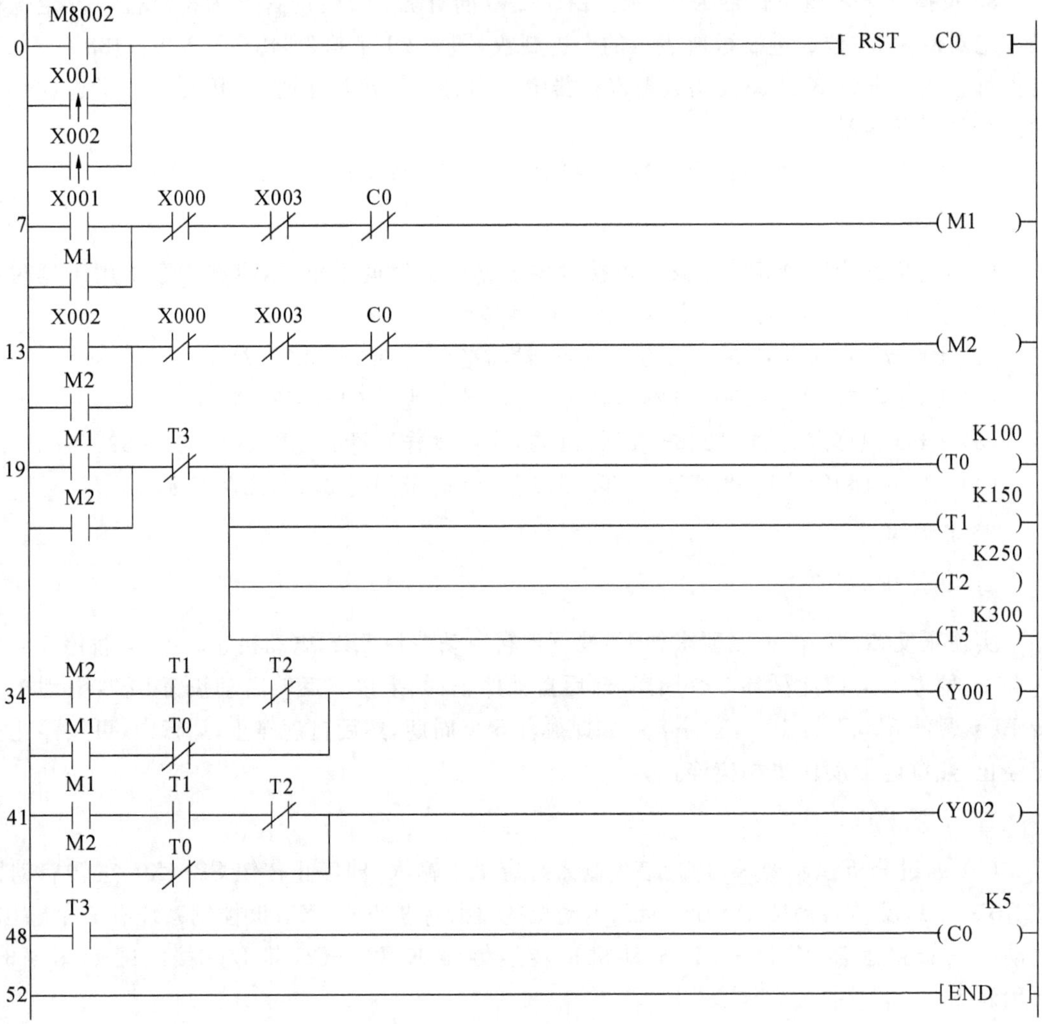

图 4-3-2　电动机循环正反转控制梯形图

三、系统调试

（根据设计功能要求试运行。）

展示评估

任务三评估表

基本素养（20 分）				
序号	评估内容	自评	互评	师评
1	纪律（无迟到、早退、旷课）(10 分)			
2	参与度、团队协作能力、沟通交流能力(5 分)			
3	安全规范操作(5 分)			

理论知识(20 分)

序号	评估内容	自评	互评	师评
1	使用可编程控制器的计数器(10 分)			
2	使用可编程控制器的定时器(10 分)			

技能操作(60 分)

序号	评估内容	自评	互评	师评
1	准备工作和整理工作(15 分)			
2	I/O 口分配连接(15 分)			
3	梯形图编程(15 分)			
4	指令表编程(15 分)			
	综合评价			

任务四　工业机器人的 PLC 控制

知识目标

- 了解工业机器人的工作过程。
- 了解 PLC 的功能指令。
- 了解 PLC 的顺序功能图编程原则。

技能目标

- 能操作工业机械手。
- 能使用顺序功能图编程。

任务描述

工业机器人的 PLC 控制。

知识准备

一、经验设计法与顺序控制设计法

第三单元中各梯形图的设计方法一般称为经验设计法,经验设计法没有一套固定的方法步骤可循,具有很大的试探性和随意性,对于不同的控制系统,没有一种通用的容易掌握的设计方法。

顺序控制设计法是一种先进的设计方法,很容易被初学者接受,有经验的工程师使用顺序控制设计法,也会提高设计的效率,程序调试、修改和阅读也更方便。

所谓顺序控制,就是按照生产工艺预先规定的顺序,在各个输入信号的作用下,根据内部状态和时间的顺序,生产过程的各个执行机构自动有序地进行操作。使用顺序控制设计法时,首先根据系统的工艺过程,画出顺序功能图,然后根据顺序功能图画出梯形图。

二、顺序功能图

顺序功能图由步、有向连线、转换、转换条件和动作(或称命令)五部分组成。

(1)步。

顺序控制设计法最基本的思想是将系统的一个工作周期划分为若干个顺序相连的阶段,这些阶段称为步,可以用编程元件 M 和 S 来代表各步。步也分为初始步和活动步。

(2)与步对应的动作或命令。

一个步可以有多个动作,也可以没有任何动作。

(3)有向连线。

在画顺序功能图时,将代表各步的方框按它们成为活动步的先后次序顺序排列,并用有向连线将它们连接起来。

(4)转换。

转换用有向连线上与有向连线垂直的短划线来表示,转换将相邻两步分隔开。

(5)转换条件。

转换条件可以用文字语言、布尔代数表达式或图形符号标注在表示转换的短线旁边,使用得最多的是布尔代数表达式。

三、注意事项

(1)两个步之间必须用一个转换隔开,两个步绝对不能直接相连。

(2)两个转换之间必须用一个步隔开,两个转换也不能直接相连。

(3)顺序功能图中的初始步一般对应于系统等待启动的初始状态,初始步是必不可少的。

(4)自动控制系统应能多次重复执行同一工艺过程,因此在顺序功能图中一般应有由步和有向连线组成的闭环,即在完成一次工艺过程的全部操作之后,应从最后一步返回初始步,系统停留在初始状态。

(5)在顺序功能图中,只有当某一步的前级步是活动步时,该步才有可能变成活动步。如果用没有断电保持功能的编程元件代表各步(本任务中代表各步的 M0～M4),进入 RUN 工作方式时,它们均处于 OFF 状态,必须用初始化脉冲 M8002 的常开触点作为转换条件,将初始步预置为活动步,否则系统会因为顺序功能图中没有活动步而无法工作。

(6)顺序功能图是用来描述自动工作过程的,如果系统有自动、手动两种工作方式,这时还应在系统由手动工作方式进入自动工作方式时,用一个适当的信号将初始步置为活动步。

任务实施

是一个将工件从左工作台(A 点)搬运到右工作台(B 点)的机械手,运动形式分为垂直和水平两个方向。机械手在水平方向可以做左右移动,在垂直方向可以做上下移动。当下降电磁阀得电,机械手下降;当下降电磁阀断电时,机械手下降停止。只有当上升电磁阀得电时,机械手才上升;当上升电磁阀断电时,机械手上升停止。同样,左移/右移分别由左移电磁阀和右移电磁阀控制。机械手的放松/夹紧由一个单线圈两位电磁阀(称为夹紧电磁阀)控制,电磁阀线圈得电时,机械手夹紧,线圈断电时,机械手放松。

一、I/O 分配

根据控制要求输入信号有 15 个,均为开关量,其中选择开关一个,用来确保手动操作、自动操作、回原点操作只能有一个处于接通状态;输出信号有 6 个,I/O 分配如表 4-4-1 所示。

表 4-4-1 I/O 分配表

名称	代号	输入	名称	代号	输入	名称	代号	输出
下限位开关	SQ1	X1	回原点启动	SB1	X15	夹紧电磁阀	YV1	Y0
			自动操作启动	SB2	X16			
上限位开关	SQ2	X2	停止	SB3	X17	上升电磁阀	YV2	Y1
右限位开关	SQ3	X3	夹紧	SB4	X20	下降电磁阀	YV3	Y2
左限位开关	SQ4	X4	放松	SB5	X21	右移电磁阀	YV4	Y3
手动操作	SA	X10	手动上升	SB6	X22	左移电磁阀	YV5	Y4
回原点操作	SA	X11	手动下降	SB7	X23	原点指示	EL	Y5
单步运行	SA	X12	手动左移	SB8	X24			
单周期运行	SA	X13	手动右移	SB9	X25			
连续运行	SA	X14						

二、接线图

机械手搬运系统接线图如图 4-4-1 所示。

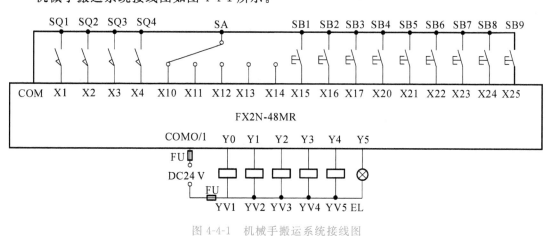

图 4-4-1 机械手搬运系统接线图

三、编写顺序功能表

1. 初始化(见图 4-4-2)

2. 手动操作(见图 4-4-3)

3. 回原点(见图 4-4-4)

4. 自动操作(见图 4-4-5)

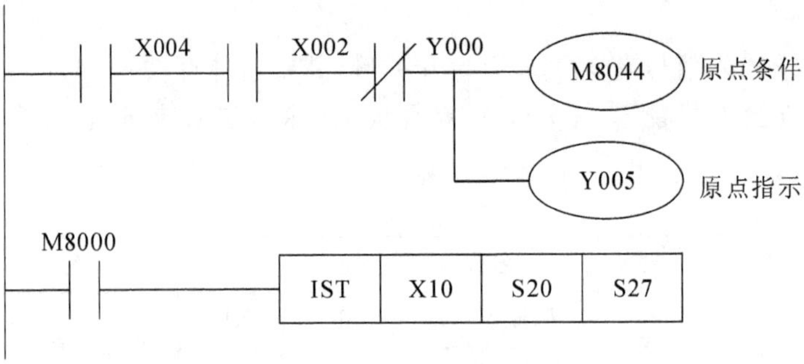

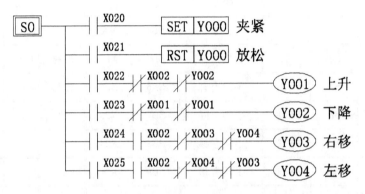

图 4-4-2　初始化

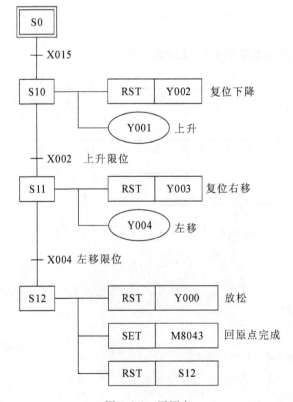

图 4-4-3　手动操作

图 4-4-4　回原点

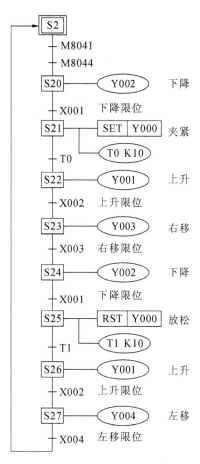

图 4-4-5 自动操作

展示评估

任务四评估表

基本素养(20 分)			
序号	评估内容	自评	互评	师评
1	纪律(无迟到、早退、旷课)(10 分)			
2	参与度、团队协作能力、沟通交流能力(5 分)			
3	安全规范操作(5 分)			

理论知识(20 分)			
序号	评估内容	自评	互评	师评
1	工业机器人控制要求(10 分)			
2	顺序功能图编程原则(10 分)			

技能操作(60 分)			
序号	评估内容	自评	互评	师评
1	准备工作和整理工作(15 分)			
2	I/O 口分配连接(15 分)			
3	顺序功能图编程(30 分)			
	综合评价			

项目五 工业机器人维护

项目描述

掌握工业机器人机械与电气维护维修知识,熟悉工业机器人的维护与保养。

项目目标

- 掌握工业机器人机械维护保养。
- 掌握工业机器人电气维护保养。

知识目标

- 掌握工业机器人机械保养与维护以及故障处理。
- 掌握工业机器人电气安全与故障处理。

技能目标

- 能对工业机器人进行规定的保养与维护。
- 能处理工业机器人的机械与电气常见故障。

任务一 工业机器人安全使用常识

知识目标

- 了解工业机器人的安全注意事项。
- 了解工业机器人的"突发情况"。

技能目标

- 掌握工业机器人"突发情况"时的对策。

任务描述

工业机器人的安全使用常识。

知识准备

一、进行调整、操作、保全等作业时的安全注意事项

(1) 作业人员须穿戴工作服、安全帽、安全鞋等。

(2) 闭合电源时,请确认机器人的动作范围内没有作业人员。

(3) 必须切断电源后,方可进入机器人的动作范围内进行作业。

(4) 检修、维修保养等作业必须在通电状态下进行时,应两人一组进行作业,一人保持可立即按下紧急停止按钮的姿势,另一人则在机器人的动作范围内,保持警惕并迅速完成作

业。此外,应确认好撤退路径后再开始作业。

(5) 手腕部位及机械臂上的负荷必须控制在允许搬运重量以内。如果不遵守允许搬运重量的规定,会导致异常动作发生或机械构件提前损坏。

二、工业机器人的"突发情况"

机器人配有各种自我诊断功能及异常检测功能,即使发生异常也能安全停止。即便如此,因机器人造成的事故仍然时有发生。

"突发情况"使作业人员来不及实施"紧急停止"、"逃离"等行为,就极有可能导致重大事故发生。"突发情况"一般有以下几种。

(1) 低速动作突然变成高速动作。

(2) 其他作业人员执行了操作。

(3) 因周边设备等发生异常和程序错误,启动了不同的程序。

(4) 因噪声、故障、缺陷等原因导致异常动作。

(5) 误操作。

(6) 机器人搬运的工件掉落、散开。

(7) 工件处于夹持、联锁待命的停止状态下,突然失去控制。

(8) 相邻或背后的机器人执行了动作。

(9) 未确认机器人的动作范围内是否有人,就执行了自动运转。

(10) 自动运转状态下操作人员进入机器人的动作范围内,作业期间机器人突然启动。

三、工业机器人"突发情况"时的对策

(1) 小心,勿靠近机器人。

(2) 不使用机器人时,应采取"按下紧急停止按钮"、"切断电源"等措施,使机器人无法动作。

(3) 机器人动作期间,请配置可立即按下紧急停止按钮的监视人(第三者),监视安全状况。

(4) 机器人动作期间,应以可立即按下紧急停止按钮的姿势进行作业。

(5) 严禁供应规格外的电力、压缩空气、焊接冷却水,这些均会影响机器人的动作性能,引起异常动作、故障或损坏等危险情况。

(6) 作业人员在作业中,也应随时保持逃生意识。必须确保在紧急情况下,可以立即逃生。

(7) 时刻注意机器人的动作,不得背向机器人进行作业。对机器人的动作反应缓慢,也会导致事故发生。

(8) 发现有异常时,应立即按下紧急停止按钮。必须彻底贯彻执行此规定。

(9) 应根据设置场所及作业内容,编写机器人的启动方法、操作方法、发生异常时的解决方法等相关的作业规定和核对清单,并按照该作业规定进行作业。仅凭作业人员的记忆和知识进行操作,会因遗忘和错误等原因导致事故发生。

(10) 示教时,应先确认程序号码或步骤号码,再进行作业。错误地编辑程序和步骤,会导致事故发生。

(11) 示教作业完成后,应以低速状态手动检查机器人的动作。如果立即在自动模式下,以100%的速度运行,会因程序错误等因素导致事故发生。

（12）示教作业结束后，应进行清扫作业，并确认有无遗忘工具等物件。

任务实施

确认工业机器人的安全情况。

步骤一：集合、点名、交代安全事故相关事项。

步骤二：记录机器人名称。

步骤三：记录机器人的工位内容，描述工作过程。

步骤四：记录机器人与安全使用有关的设计/设定和参数。

步骤五：完成观察报告。

展示评估

任务一评估表

基本素养（40分）				
序号	评估内容	自评	互评	师评
1	纪律（无迟到、早退、旷课）（10分）			
2	参与度、团队协作能力、沟通交流能力（15分）			
3	安全规范操作（15分）			
理论知识（40分）				
序号	评估内容	自评	互评	师评
1	机器人安全设计（10分）			
2	机器人安全设定（15分）			
3	机器人安全工作参数（15分）			
技能操作（20分）				
序号	评估内容	自评	互评	师评
1	准备工作和整理工作（5分）			
2	观察报告（15分）			
综合评价				

任务二　工业机器人机械维护

知识目标

● 掌握工业机器人的机械检修与维护。

● 了解工业机器人的机械故障处理。

技能目标

● 掌握工业机器人的机械检修与维护。

任务描述

工业机器人的机械维护与故障处理。

知识准备

一、检修及维护

检修分为日常检修和定期检修,检查人员必须编制检修计划并切实进行检修。

另外,必须以每工作 40000 小时或每 8 年(两者中取时间先到者)为周期进行大修。检修周期是按点焊作业为基础制定的。装卸作业等使用频率较高的作业建议按照约 0.5 个周期实施检修及大修。

1.预防性维护

按照以下方法执行定期维护步骤,能够保持机器人的最佳性能。

1)日常检查(见表 5-2-1)

表 5-2-1　日常检查表

序号	检查项目	检 查 点
1	异响检查	检查各传动机构是否有异常噪声
2	干涉检查	检查各传动机构是否运转平稳,有无异常抖动
3	风冷检查	检查控制柜后风扇是否通风顺畅
4	管线附件检查	是否完整齐全,是否磨损,有无锈蚀
5	外围电气附件检查	检查机器人外部线路,按钮是否正常
6	泄漏检查	检查润滑油供排油口处有无泄漏润滑油

2)每季度检查(见表 5-2-2)

表 5-2-2　季度检查表

序号	检查项目	检 查 点
1	控制单元电缆	检查示教器电缆是否存在不恰当扭曲
2	控制单元的通风单元	如果通风单元脏了,切断电源,清理通风单元
3	机械单元中的电缆	检查机械单元插座是否损坏,弯曲是否异常,检查马达连接器和航插是否连接可靠
4	各部件的清洁和检修	检查部件是否存在问题,并处理
5	外部主要螺钉的紧固	上紧末端执行器螺钉、外部主要螺钉

3)每年检查(见表 5-2-3)

表 5-2-3　年检查表

序号	检查项目	检查点
1	各部件的清洁和检修	检查部件是否存在问题,并处理
2	外部主要螺钉的紧固	上紧末端执行器螺钉、外部主要螺钉

4)每 3 年检查(见表 5-2-4)

表 5-2-4　每 3 年检查表

序号	检查项目	检 查 点
1	更换减速机、齿轮箱的润滑油	按照润滑要求进行更换
2	更换手腕部件润滑油	按照润滑要求进行更换

注释:

(1)关于清洁部位,主要是在平衡缸连接处、轴杆周围、机械手腕油封处清洁切削和飞溅物。

(2)关于紧固部位,主要包括末端执行器安装螺钉、机器人设置螺钉、因检修等而拆卸的螺钉,露出于机器人外部的所有螺钉。

2.主要螺钉检查部位

表 5-2-5　主要螺钉检查部位

序号	检查部位	序号	检查部位
1	机器人安装用	7	J5 轴电动机安装用
2	J1 轴电动机安装用	8	J6 轴电动机安装用
3	J2 轴电动机安装用	10	手腕部件安装用
4	J3 轴电动机安装用	13	末端负载安装用
6	J4 轴电动机安装用		

3.润滑油的检查

每运转 5000 小时或每隔 1 年(装卸用途时则为每运转 2500 小时或每隔半年),就应测量减速机的润滑油铁粉浓度。超出标准值时,必须更换润滑油或减速机。

检测润滑油的铁粉浓度必需的工具包括润滑油铁粉浓度计(型号 OM-810),润滑油枪(喷嘴直径 $\phi17$ 以下,带供油量确认计数功能)。

注意:

(1)检修时,如果有规定数量以上的润滑油流出了机体外时,请使用润滑油枪对流出部分进行补充。此时,所使用的润滑油枪的喷嘴直径应为 $\phi17$ mm 以下。补充的润滑油量比流出量更多时,可能会导致润滑油渗漏或机器人动作时的轨迹不良等,应加以注意。

(2)检修或加油完成后,为了防止漏油,应在润滑油管接头及带孔插塞处缠上密封胶带再进行安装。

有必要使用能明确加油量的润滑油枪。没有能明确加油量的油枪时,可通过测量加油前后润滑油重量的变化,对润滑油的加油量进行确认。

(3)在机器人刚刚停止的短时间内,拆下检修口螺塞的一瞬间,润滑油可能会喷出。

4.更换润滑油

在对机器人进行保养时,需按照以下规定定期对机器人进行润滑和检修以保证效率。

1) 润滑油供油量

J1/J2/J3/J4 轴减速机、电动机座齿轮箱和手腕部件润滑油,必须按照每运转 20000 小时或每隔 4 年(用于装卸时则为每运转 10000 小时或每隔 2 年)的周期更换润滑油。表 5-2-6 示出了更换指定位置处的润滑油供油量。

表 5-2-6　更换润滑油油量表

提供位置	HSR-JR62	润滑油名称	备注
J1 轴减速机	700 mL		
J2 轴减速机	800 mL		急速上油会引起油仓内的压力上升,使密封圈开裂,从而导致润滑油渗漏,供油速度应控制在 4 mL/s以下
J3 轴减速机	330 mL	MolyWhite RE No. 00	
J4 轴减速机	500 mL		
手腕体	60 mL		

2) 润滑的空间方位

对于润滑油更换或补充操作,建议使用表 5-2-7 给出的方位。

表 5-2-7　润滑方位

供给位置	方位					
	J1	J2	J3	J4	J5	J6
J1 轴减速机	任意	任意	任意	任意	任意	任意
J2 轴减速机		0°				
J3 轴减速机		0°	0°			
电机座齿轮箱			0°			
J4 轴减速机		任意				
手腕体			任意	0°	0°	0°
手腕连接体						

3)J1/J2/J3/J4 轴减速机、电机座齿轮箱的润滑油更换步骤

(1) 将机器人移动到表 5-2-7 所介绍的润滑位置。

(2) 切断电源。

(3) 移去润滑油供排口的内六角螺塞 M10X1。

(4) 提供新的润滑油,直至新的润滑油从排油口流出。

(5) 将内六角螺塞装到润滑油供油口上。

(6) 供油后,按照规定步骤释放润滑油槽内残压。

4)手腕部件的润滑油更换步骤

(1) 将机器人移动到表 5-2-7 所介绍的润滑位置。

(2) 切断电源。

(3) 移去手腕连接体(J6 轴)润滑油供油口的内六角螺塞 M10X1。

(4) 通过手腕连接体(J6 轴)润滑油供油口提供新的润滑油,直至新的润滑油从排油口流出。

（5）将内六角螺塞装到手腕体（J5 轴）润滑油排油口上。

（6）移去手腕体（J5 轴）润滑油供油口的内六角螺塞 M10X1。

（7）通过手腕体（J5 轴）润滑油供油口提供新的润滑油，直至润滑油不能打入。

（8）将内六角螺塞装到手腕体（J5 轴）润滑油供油口上。

注：手腕部件共有三个润滑油供油口，且三个口是相通的，因此施加润滑油时在手腕体（J5 轴）润滑油供油口或者手腕连接体（J6 轴）润滑油供油口都可以，一个供油口进油也可以。

如果未能正确执行润滑操作，润滑腔体的内部压力可能会突然增加，有可能损坏密封部分，而导致润滑油泄漏和异常操作。因此，在执行润滑操作时，请遵守下述事项：

（1）执行润滑操作前，打开排油口（移去排油的插头或螺塞）。

（2）缓慢地提供润滑油，供油速度应控制在 4 ml/s 以下，不要过于用力，必须使用可明确加油量的润滑油枪。没有能明确加油量的油枪时，应通过测量加油前后的润滑油重量的变化，对润滑油的加油量进行确认。

（3）如果供油没有达到要求的量，可用供气用精密调节器挤出腔中气体再进行供油，气压应使用调节器控制在最大 0.025 MPa 以下。

（4）仅使用指定类型的润滑油。如果使用了指定类型之外的其他润滑油，可能会损坏减速机或导致其他问题。

（5）供油后安装内六角螺塞时注意密封胶带，以免又在进出油口处漏油。

（6）为了避免因滑倒导致的意外，应将地面和机器人上的多余润滑油彻底清除。

（7）供油后，按照规定步骤释放润滑油槽内残压后安装内六角螺塞，注意缠绕密封胶带，以免油脂在供排油口处泄漏。

图 5-2-1 至图 5-2-3 所示为针对不同轴减速机更换润滑油示意图。

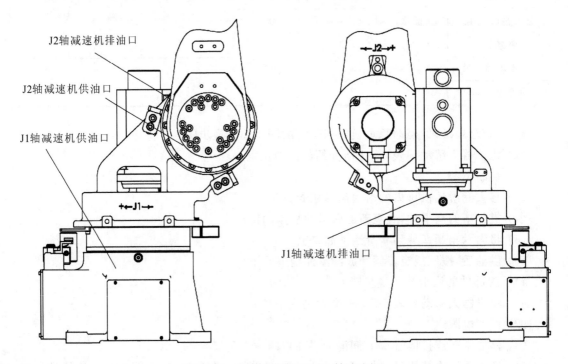

图 5-2-1　更换润滑油（J1/J2 轴减速机）

注：更换手腕部件润滑油所需工具如下。

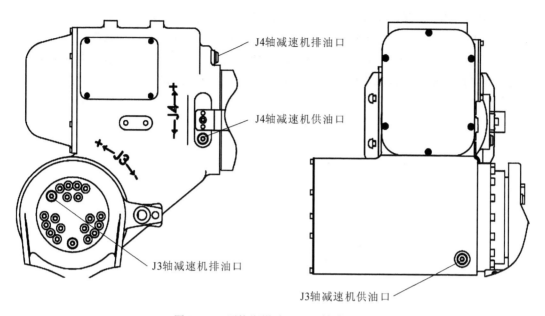

图 5-2-2　更换润滑油(J3/J4 轴减速机)

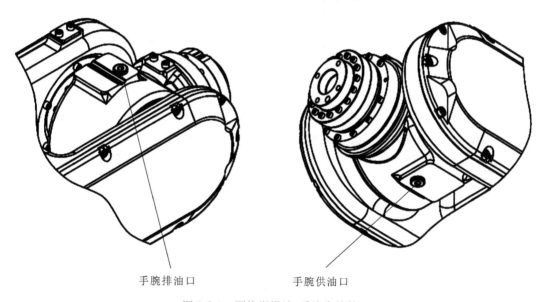

图 5-2-3　更换润滑油(手腕齿轮箱)

（1）润滑油枪（带供油量检查计数功能）。

（2）供油用接头［M10×1］(1 个)。

（3）供油用软管［ϕ8×1 m］(1 根)。

（4）供气用精密调节器(1 个)(MAX0.2 MPa,可以 0.01 MPa 刻度微调)。

（5）气源。

（6）重量计(测量润滑油重量)。

（7）密封胶带。

5)释放润滑油槽内残压

供油后,为了释放润滑槽内的残压,应适当操作机器人。此时,在供润滑油进出口的下方安装回收袋,以避免流出来的润滑油飞散。

为了释放残压,在开启排油口的状态下,J1 轴在±30°范围内,J2/J3 轴在±5°范围内,J4 轴及 J5/J6 轴在±30°范围内反复动作 20 分钟以上,速度控制在低速运动状态。

由于周围的情况而不能执行上述动作时,应使机器人运转同等次数(轴角度只能取一半的情况下,应使机器人运转原来的 2 倍时间),上述动作结束后,在排油口上安装好密封螺塞(用组合垫或者缠绕密封胶带)。

5.机械零点校对

1)零点校对原理

机器人在出厂前,已经做好机械零点校对,当机器人因故障丢失零点位置,需要对机器人重新进行机械零点的校对。零点校对示意图如图 5-2-4 所示。

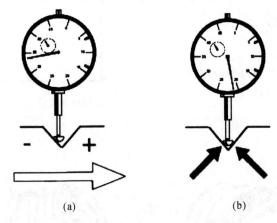

(a)   (b)

图 5-2-4   零点校对示意图

图 5-2-4(a)表示千分表探头随着机器人的轴转动在 V 形槽斜边上来回滑动,当探头滑向 V 形槽中间位置时,此时即为零点,从表的读数来看,指针一开始一直向一个方向转动,当突然出现方向改变的时候,再让机器人轴向反方向转动到表指针方向改变的临界点即为零点位置。

2)零点校对仪器以及校对步骤

(1) 将 V 形块上面的零标保护套取下来(见图 5-2-5)。

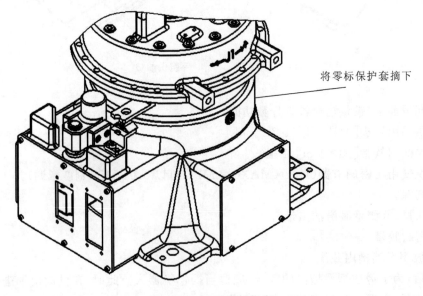

将零标保护套摘下

图 5-2-5   取下零标护套

（2）将表座拧入零标块的螺纹孔内（见图5-2-6）。

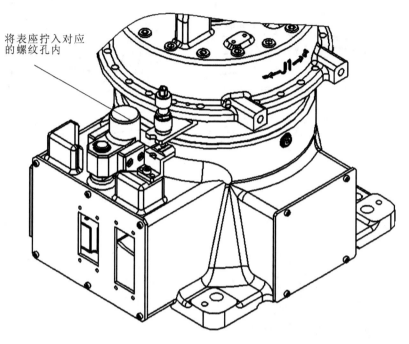

将表座拧入对应
的螺纹孔内

图 5-2-6　将表座拧入零标块的螺纹孔内

（3）将千分表插入表座，注意首先要将两个半圆槽对准，然后再将千分表插入表座（见图 5-2-7）。

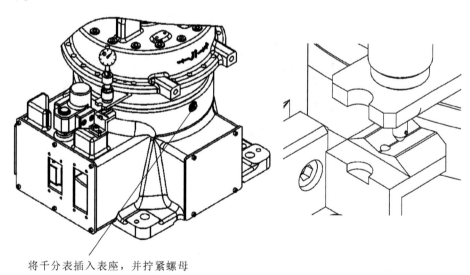

将千分表插入表座，并拧紧螺母

图 5-2-7　将千分表插入表座并拧入零标块的螺纹孔内

（4）按照步骤（1）所述原理进行零点校对。

一定要等两个半圆孔对准之后再插入千分表，否则机器人运动时会损坏探头。

3）机器人各轴零标校对位置

机器人各轴零标校对位置如图 5-2-8 所示。

注：零点校对所需工具如下。

（1）千分表。

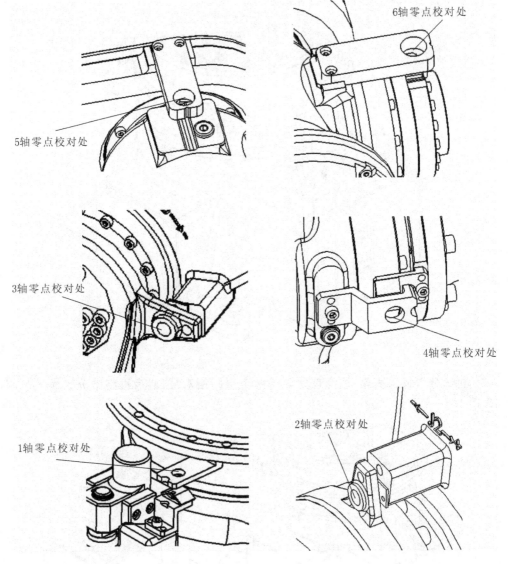

图 5-2-8　各轴零点校对位置

（2）活动扳手。

（3）表座。

二、故障处理

1. 调查故障原因的方法

机器人设计上必须达到即使发生异常情况，也可以立即检测出异常，并立即停止运行的标准。即便如此，由于仍然处于危险状态下，绝对禁止机器人继续运行。

机器人的故障有如下各种情况。

（1）一旦发生故障，直到修理完毕不能运行的故障。

（2）发生故障后，放置一段时间后，又可以恢复运行的故障。

（3）即使发生故障，只要关闭电源，则又可以运行的故障。

（4）即使发生故障，立即就可以再次运行的故障。

（5）非机器人本身，而是系统侧的故障导致机器人异常动作的故障。

(6) 因机器人侧的故障,导致系统侧异常动作的故障。

尤其是在(2)、(3)、(4)这些情况下,再次发生故障的概率很大。而且,在复杂的系统中,即使老练的工程师也经常不能轻易找到故障原因。因此,在出现故障时,请勿继续运转,应立即联系接受过专业培训的保全作业人员,由其实施故障原因的查明和修理。此外,应将这些内容放入作业规定中,并建立可以切实执行的完整体系。否则,会导致事故发生。

机器人动作、运转发生某种异常时,如果不是控制装置出现异常,就应考虑是因机械部件损坏所导致的异常。为了迅速排除故障,首先需要明确掌握现象,并判断是因什么部件出现问题而导致的异常。

第1步　哪一个轴出现了异常?

首先要了解是哪一个轴出现异常现象。如果没有明显异常动作而难以判断时,应对有无发出异常声音的部位,有无异常发热的部位,有无出现间隙的部位等情况进行调查。

第2步　哪一个部件有损坏情况

判明发生异常的轴后,应调查哪一个部件是导致异常发生的原因。一种现象可能是由多个部件导致的。故障现象和原因如表5-2-8所示。

第3步　问题部件的处理

判明出现问题的部件后,按规定方法进行处理。有些问题用户可以自行处理,但对于难以处理的问题,请联系专业人员处理。

2.故障现象和原因

一种故障现象的发生可能是因多个不同部件导致的,因此,为了判明是哪一个部件损坏,请参考表5-2-8所示的内容。

表 5-2-8　故障现象和原因

故障说明	部件	
	减速机	电动机
过载[①]	○	○
位置偏差	○	○
发生异响	○	○
运动时振动[②]	○	○
停止时晃动[③]		○
轴自然掉落	○	○
异常发热	○	○
误动作、失控		○

注:① 负载超出电动机额定规格范围时出现的现象。

② 动作时的振动现象。

③ 停机时在停机位置周围反复晃动数次的现象。

3.各个零部件的检查方法及处理方法

1)减速机

减速机损坏时会产生振动、异响。此时,会妨碍正常运转,导致过载、偏差异常,出现异常发热现象。此外,还会出现完全无法动作及位置偏差的情况。

（1）检查方法。

检查润滑脂中铁粉量　润滑脂中的铁粉量增加浓度约在 1000 mg/kg 以上时则有内部破损的可能性。每运转 5000 小时或每隔 1 年（装卸用途时则为每运转 2500 小时或每隔半年），请测量减速机的润滑脂铁粉浓度。超出标准值时，有必要更换润滑脂或减速机。

检查减速机温度　较通常运转温度上升 10° 时基本可判断减速机已损坏。

（2）处理方法。

请更换减速机。J5/J6 轴减速机故障请更换手腕部件整体。

2）电动机

电动机异常时，会出现停机时晃动、运转时振动等动作异常现象。此外，还会出现异常发热和异常声音等情况。由于出现的现象与减速机损坏时的现象相同，很难判定原因出在哪里，因此，应同时进行减速机和平衡缸部件的检查。

（1）检查方法。

检查有无异响、异常发热现象。

（2）处理方法。

更换电动机。

4.更换零部件

搬运和组装更换零部件时，应注意各零部件重量。

维修时所用的工具如下所列。

（1）千分表：1/100 mm（用来测量定位精度、反向间隙）。

（2）游标卡尺：150 mm。

（3）十字形螺丝刀：大、中、小。

（4）一字形螺丝刀：大、中、小。

（5）内六角扳手套件：M3～M16。

（6）扭矩扳手。

（7）三爪拉马。

（8）吊环螺钉：M8～M16。

（9）紫铜棒。

（10）注油枪。

1）更换第二臂部件

（1）拆卸。

① 从机械手腕上移除机械手和工件等负载。

② 拆下第二臂部件螺钉（注意此过程要用吊车或其他起吊装置吊起手腕部件）。

③ 将第二臂部件平移离开机器人机械本体。

④ 拆下密封圈。

（2）装配。

① 除去安装法兰面杂质，清洗干净。

② 将密封圈装入配合法兰面处，并在安装法兰面上涂平面密封胶。

③ 吊起第二臂部件，使第二臂部件保持水平，慢慢移动靠近连接部分，通过两个导向杆使孔位对准，再缓慢推入大臂配合处。

④ 第二臂部件。

⑤ 施加润滑脂。

⑥ 执行校对操作。

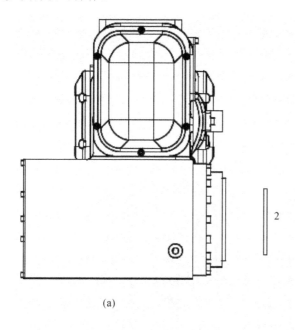

(a)

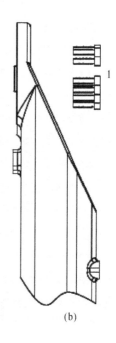

(b)

图 5-2-9 更换第二臂部件

2）更换电动机

（1）更换 J1 轴电动机（见图 5-2-10）。

① 拆卸。

a. 切断电源。

b. 拆掉 J1 轴电动机 1 上的连接线缆。

c. 拆卸 J1 轴电动机安装螺钉 2。

d. 将电动机从底座中垂直拉出，同时应注意不要挂伤齿轮表面。

e. 从 J1 轴电动机的轴上拆卸螺钉 4。

f. 从 J1 轴电动机的轴上拉出齿轮 5。

g. 拆除电动机法兰端面密封圈 3。

② 装配。

a. 除去电动机法兰面杂质，确保干净。

b. 将 O 形圈 3 放入电动机法兰配合面上的槽内。

c. 将齿轮 5 安装到 J1 轴电动机上。

d. 用螺钉 4 将 J1 轴齿轮 5 固定在电动机上。

e. 在电动机安装面上涂上平面密封胶,将 J1 轴电动机垂直安装到底座上,同时应注意不要挂伤齿轮表面。

f. 安装电动机固定螺钉 2(螺纹处涂螺纹密封胶)。

g. 安装 J1 轴电动机脉冲编码器连接线。

h. 进行校对操作。

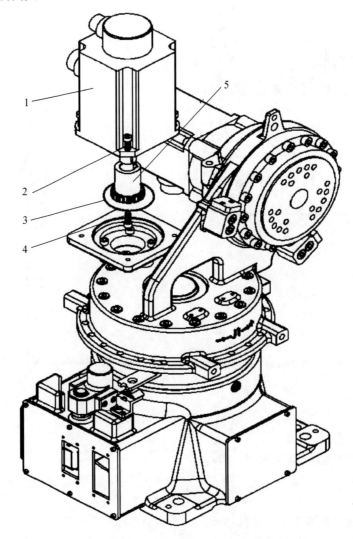

图 5-2-10 更换 J1 轴电动机

1—电动机;2—安装螺钉;3—密封圈;4—拆卸螺钉;5—齿轮

(2) 更换 J2 轴电动机(见图 5-2-11)。

① 拆卸。

a. 将机器人置于图 5-2-11 所示位置,悬起机器人的同时将自制直径为 15 mm 的插销插入大臂与 J2 轴基座孔处。

b. 切断电源,拆卸电动机 1 的连接线缆。

c. 拆除电动机法兰盘上的安装螺钉 2。

d. 水平拉出电动机 1,同时应注意不要损坏齿轮的表面。

e. 拆除螺钉 5,然后拆除输入齿轮 4。

f.拆除电动机法兰端面密封圈 3。

② 装配。

a.除去电动机法兰面杂质,确保干净。

b.将密封圈 3 安装到 J2 轴基座上。

c.用螺钉 5 将输入齿轮 4 安装紧固到电动机 1 的输入轴上。

d.在电动机法兰面上涂上平面密封胶。

e.水平安装电动机 1,同时应注意,不要损坏齿轮表面。

f.使用螺钉 2(螺纹处涂螺纹密封胶)将电动机 1 安装紧固到 J2 轴基座上。

g.将连接线缆安装到电动机 1 上。

h.施加润滑油。

i.执行校对操作。

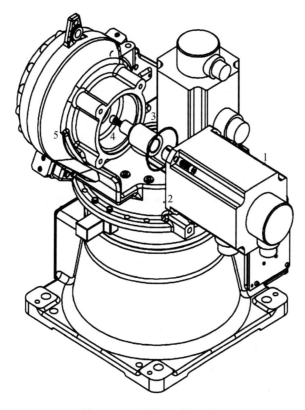

图 5-2-11　更换 J2 轴电动机

1—电动机;2,5—螺钉;3—密封圈;4—齿轮

(3) 密封胶的应用。

① 对要密封的表面进行清洗和干燥。

a.用气体吹要密封的表面,除去灰尘。

b.为要密封的安装表面脱脂,可使用蘸有清洗剂的布或直接喷清洗剂。

c.用气体吹干。

② 施加密封胶。

a.确保安装表面是干燥的(无残留的清洗剂)。如果不干燥,请将其擦干或吹干。

b.在表面上施加密封胶,等待密封胶软化(约 10 分钟)。然后使用抹刀,除去软化的密封胶。

c.装配。

● 为了防止灰尘落在施加密封胶的部分,在涂抹密封胶后,应尽快安装零部件。注意,不要接触施加的密封胶。如果擦掉了密封胶,应重新涂抹。

● 安装完零部件后,用螺钉和垫圈快速固定它,使匹配表面更靠近。

● 施加密封胶之前,不要上润滑油,因为润滑油可能会泄漏。应在安装了减速机并等待至少1小时后再进行润滑。

常见的密封胶型号如表5-2-9所示。

表 5-2-9　密封胶型号

名　　称	规 格 型 号
螺纹密封胶	LOCTITE577
螺纹紧固胶	THREEBOND1374
平面密封胶	THREEBOND1110F
清洗剂	THREEBOND6602T

注意:没有固定机械臂便拆除电动机,机械臂有可能会掉落,或前后移动。插入零点栓后,用木块或起重机固定机械臂以防掉落,然后再拆除电动机(零点栓和挡块用于对准原位置,不可以用来固定机械臂)。

此外,请勿在人手支撑机械臂的状态下拆除电动机。

禁止对电动机的编码器连接器施力。施加较大压力会损坏连接器。如需触摸刚刚停止后的电动机,应确认电动机为非高温状态,小心操作。

5.本体管线包的维护

对于底座到电动机座这一部分,管线包运动幅度比较小,主要是大臂和电动机座连接处这一部分随着机器人的运动,会和本体有相对运动,如果管线包和本体有周期性的接触摩擦,可添加防撞球或者在摩擦部分包裹防摩擦布来保证管线包不在短时间内磨破或者是开裂,添加防撞球的位置由现场应用人员根据具体工位来安装。

管线包经过长时间的与机械本体摩擦,势必会导致波纹管出现破裂的情况或者是即将破损的情况,在机器人的工作中,这种情况是不允许的。如果出现上述情况,最好提前更换波纹管(可在不工作时更换),更换步骤如下。

(1)确定所用更换的管线包里的所有线缆,松开这些线缆的接头或者是连接处。

(2)松开所用管夹,取下波纹管(这时要注意对管夹固定的波纹管处要做好标记),将线缆从管线包中抽出。

(3)截取相同长度的同样规格的管线,同样在相同的位置做好标记,目的是为了安装方便。

(4)将所有线缆穿入新替换的管线中。

(5)将穿入线缆的管线包安装到机械本体上(注意做标记的位置)。

(6)做好各种线缆接头并连接固定。

6.维护区域

维护区域是为校对机器人留下足够的校对区域。

任务实施

完成工业机器人的检修与维护。

步骤一:集合、点名、交代安全事故相关事项。

步骤二:记录机器人名称。

步骤三:记录机器人的工位内容,描述工作过程。

步骤四:记录机器人机械检修与维护项目及完成情况。

步骤五:完成观察报告。

展示评估

任务二评估表

基本素养(40分)				
序号	评估内容	自评	互评	师评
1	纪律(无迟到、早退、旷课)(10分)			
2	参与度、团队协作能力、沟通交流能力(15分)			
3	安全规范操作(15分)			
理论知识(40分)				
序号	评估内容	自评	互评	师评
1	机器人的机械维护项目(10分)			
2	机器人的机械维修使用工具(15分)			
3	机器人的机械零件更换项目(15分)			
技能操作(20分)				
序号	评估内容	自评	互评	师评
1	准备工作和整理工作(5分)			
2	观察报告(15分)			
综合评价				

任务三　工业机器人电气维护

知识目标

● 了解工业机器人电气检修与维护。

● 了解工业机器人电气故障处理。

技能目标

● 掌握工业机器人机械电气与维护。

任务描述

工业机器人的电气维护与故障处理。

知识准备

一、自动运转的安全对策（见表 5-3-1）

表 5-3-1　自动运转的安全对策

⚠️ **注意**	作业开始/结束时,应进行清扫作业,并注意整理整顿
⚠️ **注意**	作业开始时,应核对清单,执行规定的日常检修
⚠️ **注意**	请在防护栅的出入口,挂上"运转中禁止进入"的牌子。此外,必须贯彻执行此规定
❗ **危险**	自动运转开始时,必须确认防护栅内是否有作业人员
⚠️ **注意**	自动运转开始时,请确认程序号码、步骤号码。操作模式、启动选择状态处于可自动运转的状态
⚠️ **注意**	自动运转开始时,请确认机器人处于可以开始自动运转的位置上。此外,请确认程序号码、步骤号码与机器人的当前位置是否相符
⚠️ **注意**	自动运转开始时,请保持可以立即按下紧急停止按钮的姿势
⚠️ **注意**	请掌握正常情况下机器人的动作路径、动作状况及动作声音等,以便能够判断是否有异常状态。

二、示教和手动机器人

（1）请勿戴手套操作示教盒。

（2）在点动操作机器人时要采用较低的速度以增加对机器人的控制机会。

（3）在按下示教盘上的点动键之前要考虑到机器人的运动趋势。

（4）要预先考虑好避让机器人的运动轨迹,并确认该线路不受干涉。

（5）机器人周围区域必须清洁、无油、水及杂质等。

三、机器人电气控制系统

1.电控柜外观及内部元器件布局

图 5-3-1 所示为电控柜外观,其内部元器件布局参见图 5-3-2。

图 5-3-1　电控柜外观

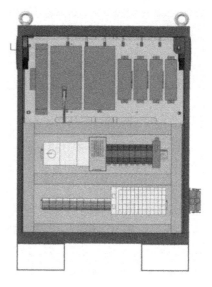

图 5-3-2　电控柜内部视图

2. HPC 控制器

HPC 控制器相当于人的大脑,所有程序和算法都在 HPC 中处理完成。采用开放式、模块化的体系结构,以嵌入式工业计算机为平台,搭载实时 Linux 系统,集成了高效的机器人运动控制算法,提供了先进的故障诊断机制。现场总线采用 EtherCAT 协议,主要适用于 PUMA、DELTA、SCARA 等标准结构的机器人以及 Traverse、Scissors 等非标准机器人的控制。

HPC 控制器接口示意图如图 5-3-3 所示,其接口丰富,包含 NCUC 总线接口、EtherCAT 总线接口、LAN 接口、RS232 接口、VGA 接口等,方便用户扩展,接口描述如表 5-3-2 所示。

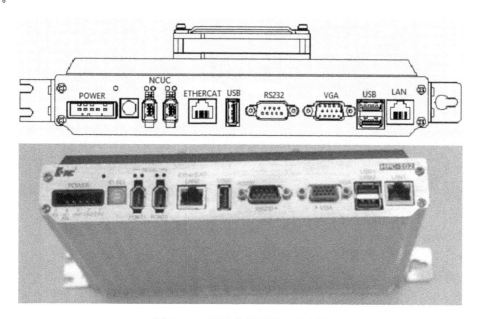

图 5-3-3　HPC 控制器接口示意图

表 5-3-2　HPC 控制器接口描述

接口名称	描述	接口名称	描述
POWER	DC24V 电源接口	RS232	内部使用的串口
ID SEL	设备号选择开关	VGA	内部使用的视频信号口
PORT0 ～ PORT1	NCUC 总线接口	USB1&USB2	内部使用的 USB 接口
LAN2	EtherCAT 总线接口	LAN1	外部标准以太网接口
USB0	外部 USB 接口		

3.伺服驱动器

伺服驱动器是用来控制伺服电动机的一种控制器,应用于高精度的传动系统定位。CDHD 是一款全功能、高性能的伺服驱动器,采用创新技术设计制造,具有业界领先的功率密度,具有实时以太网总线接口,采用开放式现场总线 EtherCAT 协议,实现和数控装置高速的数据交换;具有高分辨率绝对式编码器接口,可以适配多种信号类型的编码器。伺服驱动器实物图如图 5-3-4 所示,伺服驱动单元连接原理示意图如图 5-3-5 所示。

图 5-3-4　伺服驱动器实物图

4.总线式 I/O 单元

总线式 I/O 单元具有高稳定性、高可靠性的特点。产品经过严格的三防处理,具有输入滤波以及掉电保护功能。该 I/O 单元符合 EtherCAT 总线规范,扩展模块可任意配置数字量输入/输出,支持模拟量输入/输出。

功能描述:

- 符合 EtherCAT 级总线规范。
- 支持数字输入/输出模块、模拟输入/输出模块。
- 输入/输出模块数量用户自由配置。
- 输入滤波功能。
- 掉电保护功能。

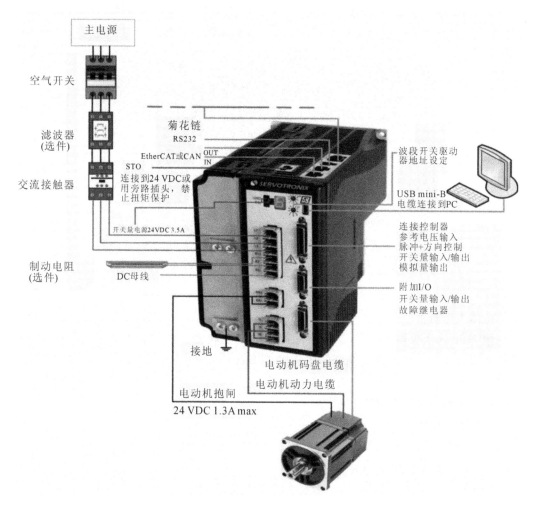

图 5-3-5 伺服驱动单元连接原理示意图

总线式 I/O 单元配置清单示例如表 5-3-3 所示。

表 5-3-3 HIO-1100 总线式 I/O 配置表

类型	子模块名称	子模块型号	数量
底板	9 槽底板子模块	HIO-1108	1 块
通信	EtherCAT 协议通信子模块	HIO-1161	1 块
开关量	NPN/PNP 型开关量输入子模块	HIO-1111	3 块
	NPN 型开关量输出子模块	HIO-1121	3 块
模拟量	模拟量输入/输出子模块	HIO-1173	1 块

HIO-1108 型底板子模块可提供 1 个通信子模块插槽和 8 个功能子模块插槽。

HIO-1161 通信子模块:所有接口集中在该通信子模块上,依次为电源接口,EtherCAT 总线 IN,EtherCAT 总线 OUT。

HIO-1111 开关量输入子模块:提供 16 路开关量输入,输入子模块 NPN 和 PNP 可切换,每个开关量均带指示灯。

HIO-1121 开关量输出子模块:提供 16 路开关量输出,输出子模块为 NPN 接口,每个开关量均带指示灯。

HIO-1173 模拟量输入/输出子模块：提供 4 通道 A/D 信号和 4 通道的 D/A 信号。

HIO-1100 总线式 I/O 单元接口布局如图 5-3-6 所示。

图 5-3-6　HIO-1100 总线式 I/O 单元接口布局图

5. 机器人示教器

华数 HSpad 示教器（见图 5-3-7）常用于华数工业机器人的手持编程器，用户可以通过此示教器实现工业机器人控制系统的主要控制功能。

(1) 手动控制机器人运动。

(2) 机器人程序示教编程。

(3) 机器人程序自动运行。

(4) 机器人程序外部运行。

(5) 机器人运行状态监视。

(6) 机器人控制参数查看。

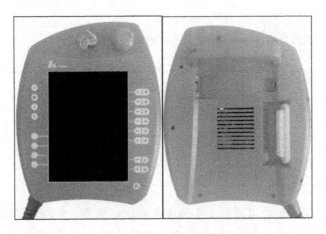

图 5-3-7　机器人示教器

HSpad 的特点如下所述。

(1) 采用触摸屏＋周边按键的操作方式。

(2) 8 寸触摸屏。

(3) 多组按键。

(4) 急停开关。

（5）钥匙开关。

（6）三段式安全开关。

（7）USB 接口。

示教器具有手动 T1/T2 示教编程模式、自动运行模式和外部运行模式。示教器的机器人系统连接如图 5-3-8 所示。

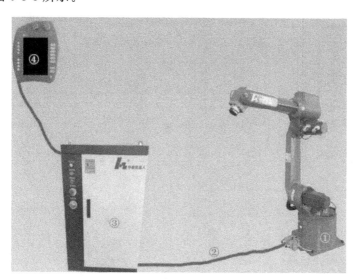

图 5-3-8　HSpad 与机器人系统连接图

① 机器人；② 连接线缆；③ 控制系统；④ HSpad 示教器

6. EtherCAT 总线回路

EtherCAT 总线回路将 HPC、各轴伺服驱动和总线式 I/O 连接通信，如图 5-3-9 所示。

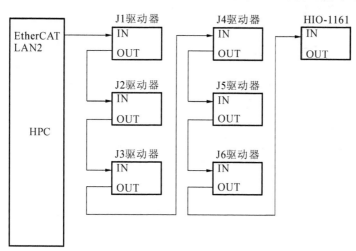

图 5-3-9　机器人 EtherCAT 总线回路

7. 动力线缆和编码线缆定义

1）伺服驱动器电动机反馈接口引脚定义

伺服驱动器电动机反馈接口 C4 与多摩川编码器引脚定义如图 5-3-10 所示。

2）伺服驱动器 I/O 接口引脚定义

伺服驱动器 I/O 接口 C2 引脚定义如图 5-3-11 所示。

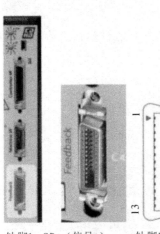

引脚	功能	引脚	功能
1	增量编码器 A + SSI 编码器 data +	14	增量编码器 A - SSI 编码器 data-
2		15	
3		16	
4		17	
5		18	
6		19	
7		20	
8		21	
9		22	
10		23	
11	5V 电源	24	地（5V/8V 回路）
12		25	
13		26	屏蔽

针脚1：SD+（信号+）　　　针脚14：SD-（信号-）　　　针脚26：屏蔽
针脚11：+5 V（电源+）　　针脚24：GND（电源-）

图 5-3-10　伺服驱动器电动机反馈接口 C4 与多摩川编码器引脚定义

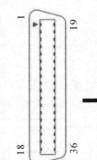

针脚1：N24

针脚2：OUT1（抱闸信号）

针脚3：IN（急停信号）

针脚19：P24

针脚33：OUT2（抱闸信号）

注：当使用针脚2时，针脚33不使用

引脚	功能	说明	引脚	功能	说明
1	24VDC 回路	AP/AF 型号：用户提供的 24VDC	19	24VDC	AP/AF 型号：用户提供的 24VDC,给 I/O 提供偏压
	公共输出	EC/PN 型号		公共输入	EC/PN 型号
2	数字输出 1	光隔离可编程数字输出。用 OUT1 读取	20		
3	数字输入 1	光隔离可编程数字输入。用 IN1 读取	21		
……					
15			33	数字量输出 2	光隔离可编程数字输出。用 OUT2 读取
16			34		
17			35 *		
18 *			36		

图 5-3-11　伺服驱动器 I/O 接口 C2 引脚定义

3)动力线缆定义

图 5-3-12 所示为控制柜和本体间的动力线缆重载头定义。

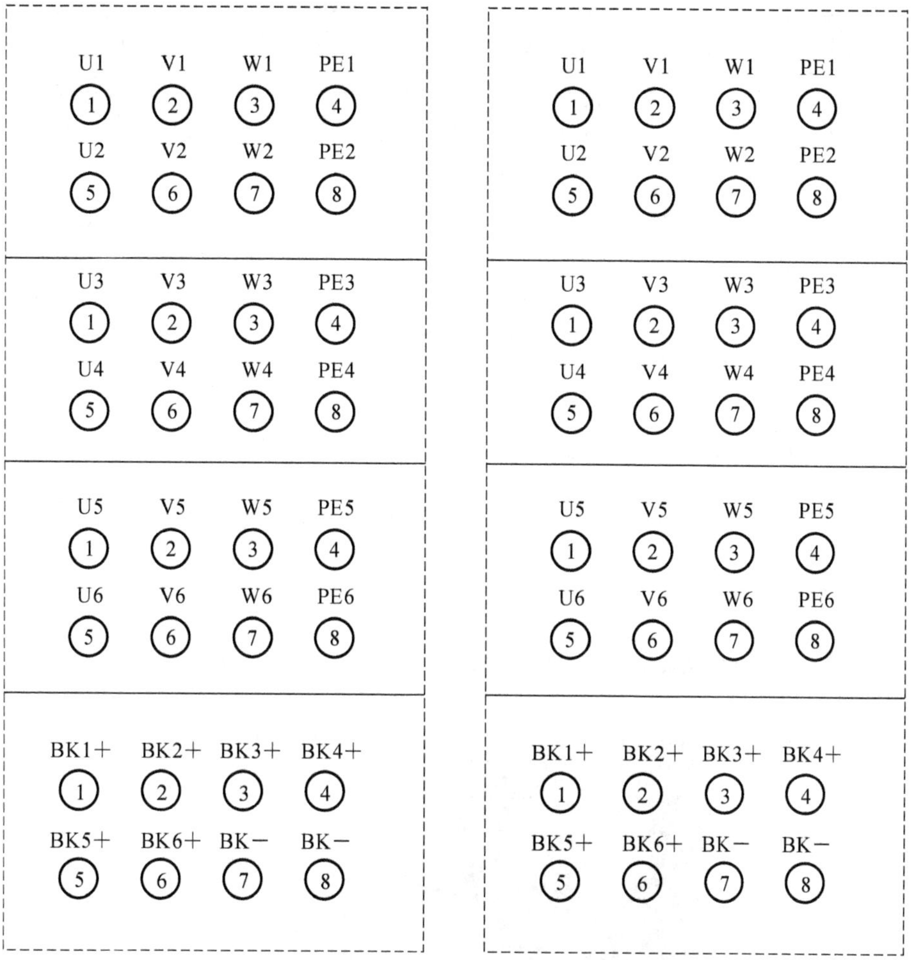

图 5-3-12 控制柜和本体间的动力线缆重载头定义

（a）面向控制柜一侧动力线缆排布 （b）面向本体侧动力线缆排布

4)编码器线缆定义

图 5-3-13 所示为控制柜和本体间的编码器线缆重载头定义。

8.面板按钮

图 5-3-14 所示为控制柜面板按钮,主要包括以下部分。

电源指示灯:一次回路和二次回路供电指示。

报警指示灯:控制系统报警指示。

急停按钮:紧急情况下按此按钮,抱闸抱住电动机,同时断掉伺服信号。

电源开关:控制交流接触器(KM1)DC24V 线圈,控制整个控制柜的强电供应。

图 5-3-13　控制柜和本体间的编码器线缆重载头定义

（a）编码器线缆（注：直插时无此重载头）　（b）本体末端编码器线缆排布

图 5-3-14　控制柜面板按钮

9.常见控制器报警代码说明(见表 5-3-4)

表 5-3-4　常见控制器报警代码说明

故障代码	故障说明	现象或原因	对　　策
3115	急停	示教器"急停按钮"或拍下电柜"急停按钮"	松开急停按钮,清除报警
	示教器网络状态显示"▮"	①示教器与 HPC 通信水晶头接触不良或未插牢固 ②IP 地址未设置正确 ③控制器 HPC 初始化失败	①机器人通信配置: IP 地址:10.20.4.100 ②以太网配置: IP 地址:10.20.4.123 子网掩码:255.255.255.0 ③重启系统
	示教器网络状态显示"▮"	①示教器与 HPC 通信失败 ②示教器硬件故障	①机器人通信配置: IP 地址:10.20.4.100 ②以太网配置: IP 地址:10.20.4.123 子网掩码:255.255.255.0 ③更换示教器
3121	机器人在硬限位附近无法上使能,例如:"PUMA at axis A2: the target point is not reachable"	①机器人 A2 轴超软限位 ②机器人误报点不可达	①登录用户组"super"关闭软限位,重启系统,手动远离 A2 轴硬限位,再次登录用户组"super"开启软限位,重启系统
3082	反馈速度超限:"Feedback velocity is out of limit"	机器人实际速度超过了系统设定速度,机器人停止	①系统故障 ②反馈技术人员
6029	空文件:"Zero file size detected."	不能加载空文件:"Cannot load an empty file"	示教器界面"清理系统"
8062	文件名太长:"The file name is too long. A file name should contain no more than 8 characters"	文件名超过了 8 个字符:"A file name should contain no more than 8 characters."	减小文件名长度
19012	不能上驱动使能:"Cannot enable axis/group."	丢失驱动使能信号或者驱动连接错误	检测驱动 EtherCAT 连接是否错误
19013	不能清除驱动错误:"Cannot clear fault on drive."	驱动错误持续存在:"Fault on drive persists."	查找驱动故障原因,首先解决驱动故障

10.伺服驱动故障代码说明及处理对策

1)驱动器状态 7 段数码显示

7 段数码管提供了驱动器不同状态的说明,比如运行模式、驱动使能状态,以及故障情况等。

一般情况下,数码管显示遵从如下规定。

(1) 小数点:指示驱动器的使能状态,如果点亮说明驱动器被使能。

(2) 持续点亮的数字:说明当前实施的操作模式。

(3) 持续点亮的字母:发出的警告。

(4) 闪亮:说明存在故障。

（5）按次序点亮的字母与数字：说明存在故障，但以下情况除外。

① At1 按次序显示表示电动机正在定相（MOTORSETUP）。

② At2 按次序显示表示电流环正在自动调整（CLTUNE）。

③ L1,L2,L3,L4 按次序显示，表示软件和硬件限位开关的状态。

④ 在编码器初始化过程中，一个数字以半秒的时间间隔闪烁，表示当前实施的运行模式。

同时存在多个故障时，只有一个故障代码会在显示器上显示，显示的是优先级最高的故障。

2）驱动器数码管显示说明

驱动器数码管的意义按照字母-数字的顺序描述在表 5-3-5 中。

表 5-3-5　驱动器数码管的意义

显示图例	代码的文本	说　　　明
	定义	ServoStudio 中使用的缩写名称（显示方式包括闪烁，持续显示，依次显示）
	类型	说明状态或者故障的类型：Mode 模式、警告、故障或者致命故障
	激活禁止	说明故障会否屏蔽部分操作（功能）
	描述	描述故障代码或状态
	须采取措施	描述消除故障的建议步骤
	—	闪烁
	定义	看门狗故障
	类型	故障
	激活禁止	否
	描述	通常在发生不可预见的情况时出现，驱动器在重新上电前无法操作
	须采取措施	与技术支持联系
	−1	依次显示
	定义	未配置
	类型	故障
	激活禁止	不适用
	描述	驱动器需要配置。 在下列参数被修改后，需要 CONFIG：

DIR	MENCTYPE	MOTORCOMMTYPE
ENCOUTMODE	MFBDIR	MOTORTYPE
ENCOUTRES	MFBINT	MPITCH
FEEDBACKTYPE	MFBMODE	MPOLES
KCBEMF	MICONT	MR
KCD	MIPEAK	MRESPOLES
KCDQCOMP	MJ	MSPEED
KCFF	MKF	PWMFRQ
KCI	MKT	PWMSATRATIO
KCIV	ML	VBUS
KCP	MLGAINC	VLIM
MENCRES	MLGAINP	

下列参数写入驱动器后，即使未被修改，也需要 CONFIG：

FEEDBACKTYPE	MJ	VLIM
KCD	PWMFRQ	

须采取措施	设置驱动器的参数，执行 CONFIG

显示图例	代码的文本	说　　明
-5	−5	依次显示
	定义	电动机设置失败
	类型	故障
	激活禁止	否
	描述	电动机设置过程失败，发送 MOTORSETUPST 命令可显示原因。此故障会使驱动器禁用
	须采取措施	检查电动机的相位和接线，确认正确的反馈类型，可发送 MOTORSETUPST命令获取建议
0	0	持续显示
	定义	串口速度模式
	类型	模式
	激活禁止	不适用
	描述	不适用
	须采取措施	不适用
1	1	持续显示
	定义	模拟速度模式
	类型	模式
	激活禁止	不适用
	描述	不适用
	须采取措施	不适用
2	2	持续显示
	定义	串口电流模式
	类型	模式
	激活禁止	不适用
	描述	不适用
	须采取措施	不适用
3	3	持续显示
	定义	模拟电流模式
	类型	模式
	激活禁止	不适用
	描述	不适用
	须采取措施	不适用

显示图例	代码的文本	说　明
4	4	持续显示
	定义	传动模式
	类型	模式
	激活禁止	不适用
	描述	不适用
	须采取措施	不适用
8	8	持续显示
	定义	位置曲线模式
	类型	模式
	激活禁止	不适用
	描述	不适用
	须采取措施	不适用
A4	A4	依次显示
	定义	CAN 供电故障
	类型	故障
	激活禁止	是
	描述	内部 CAN 总线的供压问题
	须采取措施	驱动器可能需要维修,联系技术支持
At1	At1	依次显示
	定义	电动机配置过程
	类型	模式
	激活禁止	不适用
	描述	电动机处于定相过程,如果该过程失败,会显示"－5"
	须采取措施	不适用
At2	At2	依次显示
	定义	电流环自动调整过程
	类型	模式
	激活禁止	不适用
	描述	电流控制器环路自动调整过程。该过程会自动测试与调整 KCP、KCI、KCFF、KCBEMF 等变量 如果该过程失败,会显示"－6"
	须采取措施	不适用

显示图例	代码的文本	说　明
b	b	持续显示
	定义	多摩川电池电压低
	类型	警告
	激活禁止	不适用
	描述	电池电压接近故障水平
	须采取措施	准备更换电池
b	b	闪烁
	定义	驱动器被锁定
	类型	致命故障
	激活禁止	不适用
	描述	安全码与密钥不匹配,驱动器无法操作
	须采取措施	与技术支持联系
b1	b1	依次显示
	定义	PLL(锁相环)同步失败
	类型	故障
	激活禁止	否
	描述	控制器的同步信号缺失或不稳定。该故障只在发送 SYNC-SOURCE 命令执行同步操作时才可能出现。 此故障会使驱动器禁用
	须采取措施	检查控制器同步信号;检查电缆与接线
C1	C	依次显示
	定义	CAN 通信心跳信号丢失
	类型	故障
	激活禁止	支持
	描述	驱动器检测到与 CAN 主站的连接断开,该故障会禁止驱动器
	须采取措施	重新连接驱动器与主站并重启系统
e	e	闪烁
	定义	参数存储器和校验失败
	类型	故障
	激活禁止	不适用
	描述	存储驱动器参数的非易失性存储器为空白或者里面的数据损坏
	须采取措施	改装驱动器,或者重新下载参数并保存

显示图例	代码的文本	说　明
E	E	持续显示
	定义	Ember 模式
	类型	模式
	激活禁止	不适用
	描述	驱动器正在进行固件升级
	须采取措施	不适用
E	E	闪烁
	定义	写闪存失败
	类型	致命故障
	激活禁止	不适用
	描述	(驱动器)内部访问闪存的问题。驱动器无法操作
	须采取措施	与技术支持联系
e101	e101	依次显示
	定义	FPGA Config 失败
	类型	致命故障
	激活禁止	不适用
	描述	FPGA 的代码加载失败,驱动器无法操作
	须采取措施	与技术支持联系
e105	e105	依次显示
	定义	自测失败
	类型	致命故障
	激活禁止	不适用
	描述	上电自测失败,驱动器无法操作
	须采取措施	与技术支持联系
e106	e106	依次显示
	定义	驱动器 EEPROM 故障
	类型	致命故障
	激活禁止	不适用
	描述	访问控制板上的 EEPROM 时出故障。驱动器无法操作
	须采取措施	与技术支持联系

续表

显示图例	代码的文本	说　明
e107	e107	依次显示
	定义	EEPROM 上电故障
	类型	致命故障
	激活禁止	不适用
	描述	访问控制板上的 EEPROM 时出故障。驱动器无法操作
	须采取措施	与技术支持联系
e108	e108	依次显示
	定义	母线电压测试电路故障
	类型	故障
	激活禁止	是
	描述	测试母线电压的电路出现故障
	须采取措施	重启,如果故障依然存在,驱动器可能需要维修,与技术支持联系
e109	e109	依次显示
	定义	电流传感器的偏置超限
	类型	故障
	激活禁止	否
	描述	计算出来的电流传感器的偏置补偿超出范围
	须采取措施	重启,如果故障依然存在,驱动器可能需要维修,与技术支持联系
e120	e120	依次显示
	定义	FPGA 版本不匹配
	类型	故障
	激活禁止	是
	描述	FPGA 本与固件版本不匹配,此故障会使驱动器禁用
	须采取措施	更新 FPGA 版本或驱动器版本
F	F	持续显示
	定义	折返警告
	类型	警告
	激活禁止	不适用
	描述	驱动器折返电流下降至驱动器折返电流警告阈值以下(MIFOLDWTHRESH);或者电动机折返电流下降至电动机折返电流警告阈值以下(IFOLDWTHRESH)
	须采取措施	检查驱动器-电动机配型。该警告在驱动器功率额度相对于负载不够大时可能出现

显示图例	代码的文本	说　明
F1 （图）	F1	依次显示
	定义	驱动器折返
	类型	故障
	激活禁止	是
	描述	驱动器平均电流超出额定的连续电流，电流折返激活，在折返警告出现之后出现
	须采取措施	检查驱动器-电动机配型。该警告在驱动器功率额度相对于负载不够大时可能出现。检查换向角是否正确（例如，换向平衡）
F2 （图）	F2	依次显示
	定义	驱动器折返
	类型	故障
	激活禁止	是
	描述	驱动器平均电流超出额定的连续电流，电流折返激活，在折返警告出现之后出现
	须采取措施	检查驱动器-电动机配型。该警告在驱动器功率额度相对于负载不够大时可能出现
F3 （图）	F3	依次显示
	定义	失速故障
	类型	故障
	激活禁止	否
	描述	当[I>MICONT]和[I>0.9×ILIM]和[V<STALLVEL]时出现失速条件。 只要失速条件持续时间超过 STALLTIME，就会出现失速故障。此故障会使驱动器禁用
	须采取措施	消除失速条件，并注意防止出现失速条件
Fb1 （图）	Fb1	依次显示
	定义	总线目标位置速度超出范围
	类型	故障
	激活禁止	是
	描述	伺服电动机速度超出规定范围 不接收目标位置指令 此故障会使驱动器禁用
	须采取措施	重新驱动器使能，修改目标位置速度

显示图例	代码的文本	说　　　明
Fb2	Fb2	依次显示
	定义	总线目标位置加/减速度超出范围
	类型	故障
	激活禁止	是
	描述	伺服电动机加/减速度超出规定范围,不接收目标位置指令,此故障会使驱动器禁用
	须采取措施	重新驱动器使能,修改目标位置速度
Fb3	Fb3	依次显示
	定义	EtherCAT 总线未连接
	类型	故障
	激活禁止	是
	描述	驱动器或控制器总线未连接。 此故障会使驱动器禁用
	须采取措施	重新连接总线
H	H	持续显示
	定义	电动机过热
	类型	警告
	激活禁止	
	描述	电动机过热
	须采取措施	
H	H	闪烁
	定义	电动机过热
	类型	故障
	激活禁止	是
	描述	电动机过热,或者驱动器的温度传感器设置不正确。 此故障会使驱动器禁用
	须采取措施	确认驱动器配置正确(用 THERMODE, THERMTYPE, THERMTHRESH 和 THERMTIME 命令),且电动机温度传感器与驱动器连接正确。如果驱动器配置与连接都正确,检查电动机是否(相对负载)功率不够

显示图例	代码的文本	说　　明
J ⯂	J	闪烁
	定义	过速
	类型	故障
	激活禁止	是
	描述	实际速度超过额定速度的1.2倍。额定速度用VLIM命令设置。 此故障会使驱动器禁用
	须采取措施	检查VLIM设定的速度与实际要求是否匹配。使用速度环调试系统,检查(速度的)最大超调
J1 ⯂	J1	依次显示
	定义	位置误差超出范围
	类型	故障
	激活禁止	是
	描述	位置误差(PE)超出规定范围(PEMAX)。 此故障会使驱动器禁用
	须采取措施	调整驱动器提高位置跟踪(精度),或者加大PEMAX以容忍较大的位置误差
J2 ⯂	J2	依次显示
	定义	最大速度超出范围
	类型	故障
	激活禁止	是
	描述	位置误差(PE)超出规定范围(PEMAX)。 此故障会使驱动器禁用
	须采取措施	调整驱动器提高位置跟踪(精度),或者加大PEMAX以容忍较大的位置误差
L1 ⯂	L1	依次显示
	定义	硬件正向限位开关被开启
	类型	警告
	激活禁止	
	描述	正向硬件限位开关被激活
	须采取措施	

显示图例	代码的文本	说　明
L2	L2	依次显示
	定义	硬件负向限位开关被开启
	类型	警告
	激活禁止	
	描述	负向硬件限位开关被激活
	须采取措施	
L3	L3	依次显示
	定义	硬件正向和负向限位开关被开启
	类型	警告
	激活禁止	
	描述	正向和负向硬件限位开关被激活
	须采取措施	
L4	L4	依次显示
	定义	软件正向限位开关被触发
	类型	警告
	激活禁止	
	描述	正向软件限位开关被激活。 PFB＞POSLIMPOS 且 POSLIMMODE＝1
	须采取措施	
L5	L5	依次显示
	定义	软件负向限位开关被触发
	类型	警告
	激活禁止	
	描述	负向软件限位开关被激活 PFB＜POSLIMNEG 且 POSLIMMODE＝1
	须采取措施	
L6	L6	依次显示
	定义	软件限位开关被触发
	类型	警告
	激活禁止	
	描述	正向和负向软件限位开关均被激活 PFB＞POSLIMPOS 且 PFB＜POSLIMNEG 且 POSLIMMODE＝1
	须采取措施	

显示图例	代码的文本	说　　明
n	n	持续显示
	定义	STO 警告
	类型	警告
	激活禁止	否
	描述	驱动器禁用时 STO 信号未连接
	须采取措施	检查 STO 接头(P1)是否正确连接
n	n	闪烁
	定义	STO 故障
	类型	故障
	激活禁止	否
	描述	驱动器禁用时 STO 信号未连接。 此故障会使驱动器禁用
	须采取措施	检查 STO 接头(P1)是否正确连接
n1	n1	依次显示
	定义	再生电路过流
	类型	故障
	激活禁止	是
	描述	再生电流超出设定的最大值。 此故障会使驱动器禁用
	须采取措施	增加再生电阻
n3	n3	依次显示
	定义	发出紧急停止命令
	类型	故障
	激活禁止	是
	描述	定义为紧急停止指示的输入已被激活。 此故障会使驱动器禁用
	须采取措施	关闭输入
n41	n41	依次显示
	定义	动力制动开路荷载
	类型	故障
	激活禁止	否
	描述	动力制动输出存在开路荷载。 驱动器无法使能
	须采取措施	确认动力制动荷载电缆连接正确,未出现损坏

显示图例	代码的文本	说　明
n42	n42	依次显示
	定义	动力制动短路
	类型	故障
	激活禁止	否
	描述	动力制动输出短路。 此故障会使驱动器禁用
	须采取措施	更换动力制动(电动机)
o	o	闪烁
	定义	过压
	类型	故障
	激活禁止	否
	描述	母线电压超出最大值。 此故障会使驱动器禁用
	须采取措施	检查设备是否需要再生电阻
o15	o15	依次显示
	定义	＋15 V 超出范围
	类型	故障
	激活禁止	是
	描述	内部＋15 V 电压超出范围。 此故障会使驱动器禁用
	须采取措施	驱动器可能需要维修,与技术支持联系
o-15	o-15	依次显示
	定义	−15 V 超出范围
	类型	故障
	激活禁止	是
	描述	内部−15 V 电压超出范围
	须采取措施	驱动器可能需要维修,与技术支持联系
o5	o5	依次显示
	定义	5 V 超出范围
	类型	故障
	激活禁止	是
	描述	5 V 电源电压低或断电。 此故障会使驱动器禁用
	须采取措施	可能在断电时出现。若未断电,请联系技术支持

显示图例	代码的文本	说　明
P	P	闪烁
	定义	过流
	类型	故障
	激活禁止	否
	描述	驱动器输出电流过大。驱动器允许该故障最多连续出现 3 次,3 次之后,驱动器在被强制延时 1 分钟后才能重新使能。 此故障会使驱动器禁用
	须采取措施	检查电动机是否有短路;检查电流环的最大超调
r	r	持续显示
	定义	正弦编码器初始化后检测到偏移或增益调整
	类型	警告
	激活禁止	不适用
	描述	编码器初始化后,检测到偏移或增益调整 触发此警告的数值为触发该故障数值的一半。尽管系统仍可继续工作,这些值指示了问题的存在,并可能加剧
	须采取措施	检查编码器和相关的硬件。 这些值提示了电子器件(编码器、驱动器或电缆)的老化。此类问题必须加以分析并解决
r4	r4	依次显示
	定义	A/B 线信号中断
	类型	故障
	激活禁止	否
	描述	某个主反馈信号没有连接。该故障会出现于增量式编码器,旋变以及正弦编码器等反馈类型中。 此故障会使驱动器禁用
	须采取措施	检查是否所有从主反馈装置输出的信号都与驱动器连接完好
r5	r5	依次显示
	定义	Index 断线
	类型	故障
	激活禁止	是
	描述	编码器的 Index 信号没有连接。 此故障会使驱动器禁用
	须采取措施	检查驱动器是否被配置为有 Index 的编码器类型(MENC-TYPE),检查 Index 信号是否正确连接

显示图例	代码的文本	说　明
r6	r6	依次显示
	定义	霍尔信号非法
	类型	故障
	激活禁止	是
	描述	驱动器检测到 000 或 111 状态的霍尔反馈信号。 此故障会使驱动器禁用
	须采取措施	检查霍尔信号线是否都连接正确,转动电动机,读取霍尔状态编码,看哪个霍尔信号没有接通。 如果是多摩川(Tamagawa)反馈编码器,检查反馈接线是否正确
r8	r8	依次显示
	定义	A/B 信号输出超出范围
	类型	故障
	激活禁止	否
	描述	反馈的模拟信号超出范围。该故障出现于旋变和正弦编码器反馈。 驱动器利用 $\sin^2\alpha + \cos^2\alpha = 1$ 来检测正/余弦信号的幅值是否正确。 此故障会使驱动器禁用
	须采取措施	检查正/余弦信号的幅值
r9	r9	依次显示
	定义	编码器仿真频率过高
	类型	故障
	激活禁止	是
	描述	编码器输出的等效频率的计算结果超出了该信号的频率上限:4 MHz。 此故障会使驱动器禁用
	须采取措施	检查(仿真中)等效的编码器输出的参数设置。如果是正弦编码器,检查 ENCOUTRES 参数的设置
r10	r10	依次显示
	定义	Sine 反馈信号通信失败
	类型	故障
	激活禁止	否
	描述	驱动器与 EnDat 编码器的通信问题。 此故障会使驱动器禁用
	须采取措施	检查输出到 EnDat 编码器的数据与时钟信号是否正确连接。该电缆必须有屏蔽

显示图例	代码的文本	说　明
r14	r14	依次显示
	定义	Sine 编码器的正交编码故障
	类型	故障
	激活禁止	否
	描述	编码器的正交编码的计算结果与实际结果不匹配。 此故障会使驱动器禁用
	须采取措施	检查反馈装置的连线,确认所选编码器类型(MENCTYPE)无误
r15	r15	依次显示
	定义	Sin/ Cos 校准无效
	类型	故障
	激活禁止	否
	描述	Sine/Cosine 校准的参数结果超出范围,该故障与旋变和正弦编码反馈有关。 此故障会使驱动器禁用
	须采取措施	重新进行 Sine/Cosine 校准
r16	r16	依次显示
	定义	反馈 5 V 电源过流
	类型	故障
	激活禁止	否
	描述	驱动器给主编码器提供的 5 V 电源产生的电流过大,超过限定值。 驱动器允许该故障最多连续出现 3 次,3 次之后,驱动器在被强制延时 1 分钟后才能重新使能。 此故障会使驱动器禁用
	须采取措施	CDHD 最大可输出 250 mA 的电流到主编码器。检查编码器是否短路;检查编码器能否在超过限定值的大电流下工作
r17	r17	依次显示
	定义	第二反馈 Index 断线
	类型	故障
	激活禁止	是
	描述	第二反馈编码器 Index 没有连接。 此故障会使驱动器禁用
	须采取措施	检查驱动器是否配置为带第二反馈 Index 信号的工作模式,检查 Index 信号是否接通

显示图例	代码的文本	说　明
r18	r18	依次显示
	定义	第二反馈 A/B 断线
	类型	故障
	激活禁止	是
	描述	第二反馈的某个信号（A/B）没有连接。 此故障会使驱动器禁用
	须采取措施	检查是否所有第二编码器的信号都连接完好
r19	r19	依次显示
	定义	第二反馈 5 V 电源过流
	类型	故障
	激活禁止	否
	描述	驱动器给第二编码器提供的 5 V 电源产生的电流过大，超过限定值。 此故障会使驱动器禁用
	须采取措施	CDHD 最大可输出 250 mA 的电流到第二编码器。检查编码器是否短路；检查编码器能否在超过限定值的大电流下工作
r20	r20	依次显示
	定义	反馈通信故障
	类型	故障
	激活禁止	否
	描述	与反馈装置的通信未能正确初始化。 此故障会使驱动器禁用
	须采取措施	检查反馈装置是否正确连接；检查所选编码类型（MENCTYPE）是否正确
r21	r21	依次显示
	定义	Nikon 编码器操作故障
	类型	故障
	激活禁止	否
	描述	与 Nikon 反馈装置的通信未能正确初始化。 此故障会使驱动器禁用
	须采取措施	检查反馈装置是否正确连接；检查所选编码器类型（MENCTYPE）是否正确

显示图例	代码的文本	说　明
r23	r23	依次显示
	定义	定相失败
	类型	故障
	激活禁止	否
	描述	通信初始化失败,该故障在系统没有收到电动机反馈装置的换相信息(比如,Hall 信号)时出现。 此故障会使驱动器禁用
	须采取措施	检查电动机类型以及定相参数是否正确
r24	r24	依次显示
	定义	多摩川(Tamagawa)编码器初始化失败
	类型	故障
	激活禁止	否
	描述	多摩川反馈编码器的初始化过程失败。 此故障会使驱动器禁用
	须采取措施	检查编码器连线是否正确
r25	r25	依次显示
	定义	脉冲 & 方向输入线(信号)中断
	类型	故障
	激活禁止	否
	描述	某个脉冲 & 方向信号没有连接。 此故障会使驱动器禁用
	须采取措施	检查是否所有脉冲 & 方向信号与驱动器连接正确
r26	r26	依次显示
	定义	多摩川(Tamagawa)绝对值编码器操作故障
	类型	故障
	激活禁止	否
	描述	反馈装置的几个故障包含下列情况的一种或几种:电池低电故障,转速过快,计数故障,圈数故障。 此故障会使驱动器禁用
	须采取措施	检查电池电压以及反馈(编码器)的接线,确认电动机在编码器初始化时转速不要太高

显示图例	代码的文本	说　　明
r27	r27	依次显示
	定义	电动机缺相
	类型	故障
	激活禁止	是
	描述	电动机的某一相没有连接。电动机某一相的电流在160度电角度以上时完全为零,而要求输入的电流却大于100。 此故障会使驱动器禁用
	须采取措施	检查电动机的相线连接
r28	r28	依次显示
	定义	旋变初始化失败
	类型	故障
	激活禁止	否
	描述	驱动器检测不到正确的增益设置或正弦/余弦信号采样点。 此故障会使驱动器禁用
	须采取措施	检查旋变的接线及增益设置
r29	r29	依次显示
	定义	绝对编码器电池电压低
	类型	故障
	激活禁止	否
	描述	表示从驱动器数据检测到电池问题的一个误码。 此故障会使驱动器禁用
	须采取措施	更换电池,然后重置驱动器。如果在驱动器运行时更换电池,可以保留位置信息
r34	r34	依次显示
	定义	PFB断开校验和无效
	类型	故障
	激活禁止	无
	描述	PFB备份数据的计算校验和与预期校验和不匹配。 此故障会使驱动器禁用
	须采取措施	如果应用需要,让机器归零
r35	r35	依次显示
	定义	PFB断开数据不匹配
	类型	故障
	激活禁止	无
	描述	由于轴线出现位移,PFB的多圈数据无法还原。 此故障会使驱动器禁用
	须采取措施	如果应用需要,让机器归零

显示图例	代码的文本	说　　明
r36	r36	依次显示
	定义	无 PFB 断开数据
	类型	故障
	激活禁止	无
	描述	PFB 备注存储器为空。 此故障会使驱动器禁用
	须采取措施	如果应用需要,让机器归零
r37	r37	依次显示
	定义	编码器相位故障
	类型	故障
	激活禁止	不支持
	描述	增量式正交编码器信号 A 与信号 B 的相位差为 90 度,当同时检测到信号 A 与信号 B 的边沿时,驱动器报告此故障,并立即禁止驱动器
	须采取措施	将 MENCAQBFILT 设置为 0,关闭编码器信号 A 和信号 B 上的滤波器,如果故障仍未清除,可能由编码器故障造成
r38	r38	依次显示
	定义	差分霍尔断线
	类型	故障
	激活禁止	不支持
	描述	霍尔传感器断线
	须采取措施	确认 HALLSTYPE 参数与使用的霍尔传感器类型一致(差分、单端)。 检查霍尔传感器与驱动器的连线正确
t	t	持续显示
	定义	过温
	类型	警告
	激活禁止	不适用
	描述	电源板以及/或者控制板上的温度超过设定极限
	须采取措施	检查周围的(环境)温度是否超出驱动器的规范,否则与技术支持联系
t1	t1	依次显示
	定义	功率板过温
	类型	故障
	激活禁止	是
	描述	功率板上的温度超过设定极限。 此故障会使驱动器禁用
	须采取措施	检查环境温度是否超出驱动器的规格,否则与技术支持联系

显示图例	代码的文本	说　　明
t2	t2	依次显示
	定义	集成功率模块(IPM)过温
	类型	故障
	激活禁止	是
	描述	集成功率模块上的温度超过设定极限。 此故障会使驱动器禁用
	须采取措施	检查环境温度是否超出驱动器的规格,否则与技术支持联系
t3	t3	依次显示
	定义	控制板过温
	类型	故障
	激活禁止	是
	描述	控制板上的温度超过设定极限。 此故障会使驱动器禁用
	须采取措施	检查环境温度是否超出驱动器的规格,否则与技术支持联系
u	u	持续显示
	定义	欠压
	类型	警告
	激活禁止	不适用
	描述	母线电压低于最小值。 如果变量 UVMODE 是 1 或 2,并且驱动器在使能状态,就会发出欠压警告
	须采取措施	检查驱动器上的交流电流连接完好,且开关闭合。最小电压门限可以用 UVTHRESH 命令读出
u	u	闪烁
	定义	欠压
	类型	故障
	激活禁止	否
	描述	母线电压低于最小值。 如果变量 UVMODE 是 3,并且驱动器在使能状态,就会发出欠压故障信号。 此故障会使驱动器禁用
	须采取措施	检查驱动器上的交流电源连接完好,且开关闭合。最小电压门限可以用 UVTHRESH 命令读出

任务实施

完成工业机器人电气维护。

步骤一:集合、点名、交代安全事故相关事项。

步骤二：记录机器人名称。

步骤三：记录机器人工位内容，描述工作过程。

步骤四：记录机器人电气维护项目及完成情况。

步骤五：完成观察报告。

展示评估

任务三评估表

基本素养(40分)			
序号	评估内容	自评	互评	师评
1	纪律(无迟到、早退、旷课)(10分)			
2	参与度、团队协作能力、沟通交流能力(15分)			
3	安全规范操作(15分)			

理论知识(40分)			
序号	评估内容	自评	互评	师评
1	机器人电气安全操作(10分)			
2	机器人电气部件组成及操作(15分)			
3	机器人电气故障与处理对策(15分)			

技能操作(20分)			
序号	评估内容	自评	互评	师评
1	准备工作和整理工作(5分)			
2	观察报告(15分)			
综合评价